KB048110

유대상술의 키 포인트

탈무드와 유대상술

인색한 사람은 돈을 아끼지만 유대인은 낭비를 아낀다

탈무드와 유대상술

이상길 편저

도서출판 한글

머 리 말

알찬 사업을 하고 있는 경영자들은 거의가 한 번쯤 좌절의 경험을 가지고 괴로워도 해 본 사람들입니다. 처음부터 사장으로 태어난 것도 아니고 실직자로 태어난 것도 아니었습니다. 단지 주어진 환경을 어떻게 감당했느냐에 따라 인생의 모습이 달라진 것뿐입니다.

인색한 사람은 돈을 아끼지만 유대인은 낭비를 아낍니다. 유대인은 수전노가 아닙니다. 탈무드의 상술대로 살 뿐입니다. 유대인은 세상에서 가장 불행한 환경 속에서도 좌절하거나 물러나지 않고 노력하여 IMF를 주무르고 세계 경제를 주먹 안에 넣고 흔드는 민족입니다.

그들은 우리보다 몇 배나 어려운 처지에서 살아남았고 고생을 한 사람들로 우리에게 많은 교훈을 주고 있습니다.

생존 문제로 고민하는 사람에게 탈무드의 상술은 꼭 필요한 가르침을 줄 것입니다.

편 저 자

차 례

제2장 유대인의 경제 의식 / 79

제4장 일본인의 자기 상술 고백 / 141

제5장 유대 상법의 격언 / 175

제 1 장

구멍가게도 백화점으로 알고 뛰어라

검소한 유대인

중류계급의 성원이라면 먼저 그 의식의 뿌리에 자신은 남의 신세를 지지 않고도 생활해 나갈 수 있다는 자각이 서 있는지 없는지가 중요한 것이다. 경제적 자립을 가능케 하는 것은 이 독립심을 제외하면 아무것도 없다. 소수 민족임에도 불구하고 유대인이 각 방면에서 우수한 성과를 올리고 있는 비결의 하나는 그들의 경제적 자립심에 잠재되어 있다.

1

검소하고 정확한 경제생활

흔히 사람들은 '유대인'이라는 말만 들어도 욕심 많고 교활하기 이를 데 없는 유대 상인을 연상한다. 그런가 하면 유대인에게는 돈이 많다고 처음부터 그렇게 믿고 있는 일이 많다. 이와 같은 유대인상은 셰익스피어의 명작 「베니스의 상인」에 등장하는 악역의 샤일록이나, 재벌 로스차일드가의 이미지 등에서 유래된 것인지도 모른다. 아닌게 아니라 유대인 중에는 장사로 성공을 거두고 실업계에서도 만만찮은 두각을 나타내고 있는 인물들이 많다.

카터 대통령의 경제 참모로 발탁되었던 전 재무장관 M. 부루멘손 씨 등은 그 대표적인 예라 하겠다.

나치스의 마수에서 도망쳐 유럽에서 그의 일가가 1947년에 미국으로 건너왔을 때는 문자 그대로 빈털터리였다. 그러나 그는 고생을 하면서도 버클리 캐나다 주립대학과 프린스톤 대학에서 경제학을 배우고, 서른 한 살에 어느 회사의 부사장 자리에 올랐으며 그로부터 십 년 뒤에는 미국에서도 손꼽히는 대기업 벤딕스사의 사장이 되었다. 그 동안에 경제문제 담당으로 국무장관 보좌의 직무를 맡기도 했다. 그의 맹렬한 출세술은 닉슨 대통령 밑에서 국무장관을 지낸 키신저 씨와 쌍벽을 이룬다.

현재 세계적으로 이름 있는 유대인 대실업가를 두세 사람 소개한다면 뉴욕 타임즈의 사주 자룻벨그, 디파트왕 S. 굿토망(메이 백화점)과 J. 쉬트라우스(메이시 백화점), 미술상의 굿겐하임.
거기에다 타계했지만 영화 제작자인 W. 폭스나, S. 골드웨인, 이밖에도 꼽자면 한이 없다.

하나 모든 유대인이 부자랄 수는 없다. 뉴욕시에는 '풀 화이트'라고 불리는 하루살이 유대인이 수십만이나 된다. 흑인 우선의 생활 보호 정책에서 누락된 이들의 생활구제를 어떻게 할 것인가 하는 문제로 뉴욕시의 복지 당국자는 골치를 앓고 있다.

시카고에서도, 뉴욕에서도, 로스앤젤레스에서도 유대인 거리에 가면 물건을 싸게 구입할 수가 있다. 그렇다고 해서 군침을 삼킬 만큼 고급품들이 바겐 프라이스로 얻어진다고 생각해서는 안 된다. 검소한, 보기에도 값싼 물건들이 싸게 진열되어 있다는 말이다. 그것은 일반 유대인들의 소비생활이 하룻벌이들로 가난하다는 것을 말해 주는 것이다. 향내음이 없는 비누, 이름 없는 화장품과 식기들, 유대인의 상점을 들여다보면 화려하기는커녕 도리어 쓸쓸한 애수를 느끼게 한다.

2

자립심과 검약정신

중류계급의 일원이고자 한다면 우선은 보통 사람들과 같은 경제적 수준의 생활을 영위하는 것이 첫째 요건이기는 하다. 그러나 물질적으로 중류수준의 생활용품이 완비되어 있다고 해서 나는 중류 계급의 일원이라고 생각한다면 벼락치기 근성의 비난을 면할 수 없다.

중류계급의 성원이라면 먼저 그 의식의 뿌리에 자신은 남의 신세를 지지 않고도 생활해 나갈 수 있다는 자각이 서 있는지 없는지가 중요한 것이다. 경제적 자립을 가능케 하는 것은 이 독립심을 제외하면 아무것도 없다.

소수민족임에도 불구하고 유대인이 각 부야에서 우수한 성과를 올리고 있는 비결의 하나는 그들의 경제적 자립심에 뿌리를 두고 있다. 유대인이 식후에 드리는 감사기도 속에는 다음과 같은 구절이 있다.

"하나님, 원하옵기는 우리들로 하여금 뇌물이나 대부에 기대는 일 없게 하소서. 관대하시며 거룩하신 당신의 넓은 손에 기대게 해 주옵소서. 그리하오면, 영원히 우리는 수치로 얼굴 붉혀지는 일이 없을 것입니다."

남에게 신세 지는 것을 부끄럽게 여기는 점에서는 우리와 공통되는 데가 있다. 그리고 아무리 가난의 밑바닥에 처할지라도 이 의식을 고집하고, 독립의 자각을 분명하게 하며 살아나가는 데에 유대인의 진면목이 있다. 타인에의 의존과 예종을 부정, 불식하고 살아가는 것이 유대 정신의 근원인 것이다. 유대인은 자기 독립과 자유를 위해서는 가난을 참아낼 줄 알기 때문에 생활 원조를 바라지 않으며 그래서 가난에 허덕이고 있는 유대인도 많다.

그래도 유대인은 가난과 타협하는 일이 결코 없다. 언제나 향상할 수 있는 방향을 모색한다. 이 점이 바로 유대인과 다른 소수민족, 예컨대 미국의 흑인이나 푸에르 토라코인, 유럽의 집시들과 다른 점이다.

로스앤젤리스의 사람으로 아브라함이라는 오십 남짓한 실업가가 그러했듯이 빈털터리 가난뱅이였지만 그는 각고 끝에 먹고 살기에는 궁색하지 않을 만큼 한 밑천 모았다. 헐리웃에 산뜻하고 깨끗한 아파트를 골라잡아 부인과 둘이서 한가롭게 지내고 있었다.

"아브라함 씨, 어떻게 하면 돈을 모을 수가 있을까요?"

"어떻게 할까는 생각할 것도 없어요. 낭비하지 않으면 됩니다."

일반적으로 유대인은 구두쇠로 유명하다. 그러나 그들과 어울려 지내보면 세간에서 흔히 말하듯이 그렇게 구두쇠라고는 생각지 않는다. 적어도 유대인을 인색하다고 못 박을 만한 대단한 근거는 없다. 그들은 돈을 써야 할 대상을 위해서는 과감하게 쓴다. 교육·자선·상호부조 등 공공의 목적을 위해서라면 사재를 털어서라도 기부하는데 인색하지 않다.

그러기 위해서 어느 때에는 돈지갑을 단단히 묶어두는 것은 어쩔 수 없는 일인 것이다.

인색한 사람은 돈을 아끼지만 유대인은 낭비를 아낀다. 유대인은 검약가라고 불러야 마땅할 것이다.

유대인 아브라함 씨가 일본 책 한 권을 들고,

"이 책은 유대인의 비즈니스 비결을 밝히고 있는 모양인데, 대체 어떤 것을 말했는지 나도 좀 알고 싶어요." 했다.

보니 「유대인의 상법」이라는 책이었다. 책장을 펼쳐 보았다. 그 책에는 이러쿵저러쿵 유대인의 이름까지 그럴싸하게 곁들여 놓았다. 내용을 영어로 번역하는 것을 듣고 있던 아브라함 씨가 화를 벌컥 냈다.

"어림없는 수작. 그 따위 악의와 중상에 가득 찬 소릴 쓰다니! 유대인의 이름을 빌어서 가장 교활한 장사 방법을 나열해 놨군그래. 우린 그런 더러운 손을 놀려서까지 장사를 하진 않아!"

사실 그 책 속에서 소개하고 있는 것은 일본 상인들이 말하는 '도케치(구두쇠, 치사한) 상법'으로 유대인들의 것도 아니려니와 장사치라면 그 쯤은 다 알고도 남을 상식의 나열이었다. 자신의 인생철학을 유대인의 이름을 빌어 발표하고 유대인을 분개케 한 점에서, 그 책은 셰익스피어가 작품 '베니스의 상인'에서 유대인을 잔인한 인간으로 표현했던 것보다 더 심한 오해를 하게 한 일고의 가치도 없는 내용이었다.

3
유대 상술의 근거

유대인이 장사로 성공을 거두는 그 실제 비결은 어디에 있는 것일까. 요행히도 그들에게는 「성서」라는 역사적 자료가 있다. 성서를 통해 유대인의 경제관을 삼천 년 전까지 거슬러 올라가며 알아볼 수가 있다. 모세 '십계'의 마지막 항목에서는 이웃의 것을 착취해서는 안 된다고 엄격히 경고하고 있다.

'네 이웃의 집을 탐내지 말지니라. 네 이웃의 아내나 그의 남종이나 그의 여종이나 그의 소나 그의 나귀나 무릇 네 이웃의 소유를 탐내지 말지니라.'(출애굽기 20:17)

이웃에 폐가 되거나 해를 끼쳐서는 안 된다는 것이 유대인의 기본 정신이다. 율법의 교사로서 가장 고명했던 랍비 히렐(B·C. 40년경의 인물)에게 얽힌 에피소드 가운데는 이런 이야기가 있다.

어느 날 한 외국인이 랍비 샤마이를 찾아와 어려운 문제를 제기했다.

"랍비님, 제가 한쪽 다리만 딛고 서 있는 동안에 유대교의, 교리를 전부 설명해 주신다면 저도 유대교로 개종하겠습니다."

이 말을 듣고 성미가 급한 샤마이는 화가 발끈 나서 그 외국인을 때려주었다. 그 외국인은 이번에는 히렐을 찾아가 똑같은 질문을 했다. 그러자 히렐은,

"그건 간단하다. 네가 싫어하는 일은 남에게 하지 않는 것, 그것이 유대교의 교리이다. 남은 일은 응용과 주해와 세칙이다. 자아, 함께 공부하자."

성서는 십계를 토대로 매우 상세하게 유대인의 생활과 신앙 양상을 말해 주고 있다. 그 중에서 경제생활에 관한 사항을 추려본다.

* 너희는 이웃을 억눌러 빼앗아 먹지 말라. 주어야 할 품값을 다음 날 아침까지 미루지 말라.(레위기 19:13)
* 너희는 재판할 때나 물건을 재고, 달고, 되고 할 때 부정하게 하지 말라. 바른 저울과 바른 추와 바른 에바와 바른 노력을 해야 한다.(레위기 19:35~36)
* 너희는 동족에게 무엇을 꾸어줄 때 담보물을 잡으려고 그의 집에 들어가지 말라. 꾸려는 사람이 담보물을 가지고 나오기까지 밖에 서 있어야 한다.(신명기 24:10~11)
* 동족에게 변리를 놓지 말라. 돈 변리든 장리 변리든 그밖에 무슨 변리든 놓지 말라. 외국인에게는 변리를 놓더라도 같은 동족에게는 변리를 놓지 말라.(신명기 23:10~20)
* 맷돌은커녕 맷돌 위짝도 저당 잡을 수 없다. 그것은 남의 목숨을 저당 잡는 일이다.(신명기 24:6)

성서가 가르치고 있는 경제사상은 공명정대하고 공정한 거래의 원칙에 입각해서, 거기에 인도주의적인 배려를 가미시키도록 의무를 지워 주고 있다. 세익스피어는 희곡 「베니스의 상인」에서 유대인 고리대금업자 샤일록으로 하여금 "그럼 차용인의 살점 한 파운드를 교환 조건으로 걸고 쓰겠다는 돈을 빌려드리지요"라고 말하게 하고 있지만, 유대인상을 이만큼 교묘하게 왜곡시킨 예는 일찍이 없는 것이다.

유대인의 율법은 외국인에게는 변리를 놓아도 된다고 허락하고 있다.

하지만 그것이 부당한 고리는 아니라는 것을 시셀 로스는 그의 저서 「유대인의 역사」속에서 다음과 같이 밝히고 있다.

'금융계에 있어서 유대인이 가장 크게 일어났던 시기는 12세기 중엽부터가 되나, 이 무렵 한편에서는 상업에서의 유대인 축출이 시작되었고 유대인 대금업자에 대해서는 단속이 심해졌다.

이로부터 1세기 뒤에는 그리스도교도 사이에서 고리대금업(법률상, 교회법상의 규제에도 불구하고)이 나쁜 평판을 받으면서도 번져나가기 시작했다. 롬바트족이나 가오루인이라는 일반에게도 잘 알려진 이태리인들이 유럽을 무대로 악명을 떨치며 고리대금업으로 판을 치고 있었다. 유력한 협력자와 그들의 막대한 지원 자금을 배경으로 하고 있는 크리스천을 경쟁상대로 해야 하는 유대인들은 너무도 무력했으며 얼마 버티지 못하고 곤경에 처하게 되었다. 크리스천 고리대금업자들의 악랄하고 탐욕적인 등쌀에 밀려나게 되는 것을 보고 일반인들은 안타까워할 때도 있었다.'

4

현실적 예수와 관념적 법왕

중세 유럽의 유대인은 농업이나 수공업에서 축출 당하고 있었으므로 그때 형편으로는 상업이나 금융업계에 종사하지 않으면 안 되었다. 그 배경에는 1174년, 로마 법왕 알렉산더 Ⅲ세에 의한 그리스도교도의 금융업 금지령이 있었던 것도 잊어서는 안 된다. 그것은 '되받을 생각을 말고 꾸어 주어라'(누가 복음서 6:35)고 하는 예수 그리스도의 말씀을 확대 해석했기 때문이다.

그가 이처럼 극단적이요 비현실적인 법령을 선포하게 된 것도 그는 성서의 한 구절에만 눈을 빼앗겼을 뿐 그 구절 전후에서 예수가 말씀하시고 있는 가르침 전체의 정신은 미처 헤아려 보지 못했지 때문이다. 예수가 제자들에게 가르치고자 했던 것은 '되돌려 받을 생각을 하고 꿔 주었다 한들 이 얼마나 좋은 일이냐. 악인이라도 같은 값으로 되돌려 받을 생각을 하고 한 패에게 꿔 줄 줄은 안다. 그러니 내 제자인 너희들은 되돌려 받을 생각일랑은 하지 말고 꾸어 주어라' 하는 것이었다.

예수는 경제사회에 불가결한 금융을 부정한 것은 아니었다. 오히려 융통해 줄 바에는 처음부터 손해볼 각오로 이웃을 도와주라고 가르쳤던 것이다. 그렇지 않으면 언젠가는 대부금 반환을 심하게 상대에게 독촉하는 사태를 야기시키게 되고, 결국에 가서는 애초의 선의가 악의로 둔갑해 버리는 것이 세상인심이기 때문이다. 예수의 발상법이 현실적이었던 것에 비해서 로마 법왕의 그것은 관념적이었다.

일반적인 견지에서 유대인의 어프로치는 현실을 넓게 걸어 나온 경험의 토대 위에 서 있다. 유럽인의 어프로치는 현실보다도 이론이나 관념을 앞세우며 그 좁은 소견으로는 현실을 타개하려면 힘이 있어야 한다. 확실히 유럽인은 강철 같은 힘으로 세계를 제패했다. 하지만 힘을 지니지 못한 유대인은 무엇보다도 먼저 현실을 관찰하고 나서 접근할 수 있는 방법을 모색하고, 문제를 처리해 나가는 유순형으로 온 세계에 그 영향력을 침투시켰다. 유대인이 과학계에서나 비즈니스에 있어서 여러 가지 현저한 실적을 올린 것은 현실에 맞는 처신을 했기 때문이다.

5
탈무드의 공정거래법

공정한 거래를 중히 여기는 정신은 유대인들간에 철저하다. 그것은 거래에 관한 탈무드의 판례를 하나 들어보면 알 수 있다.

예를 들어 A와 B가 밀 네 말을 현금 일만 원으로 팔고 사게 되었다고 하자.

만일 파는 사람 A가 현찰이라면 일만 원에 주겠지만, 아직 여러 달 남아 있는 추수기까지 지불을 늦출 경우에는 일만 이천 원에 팔겠다고 사는 사람 B에게 요구했다고 하면 이 경우 탈무드는 A의 요구를 무효라고 각하시킨다.

왜냐하면 밀 네 말이 현 시점에서 거래되고 있는데도 불구하고, 그 동일 상품을 놓고 이중가격을 설정한다는 것은 상품에 대한 적정 가격의 원칙을 어기는 것이 될 뿐만 아니라, 실로 연불의 경우에는 사실상 B에게 변리를 부과하는 것이 되기 때문이다.

그러나 임대차일 경우에는 이와 다르다. 즉 토지를 1년간 빌리는 경우에 일시불이면 10만원, 월불이면 1만원으로 정하는 일은 위법이 아니다. 이것은 처음부터 연불, 또는 월불이라 하여 그 지불계약상의 방법이 다르며, 차용주는 그 지불능력에 따라 어느 한 가지를 선택하게 되기 때문이다.

그러나 거꾸로 밀 네 말을 추수기에 갚겠다는 조건으로 지금 밀 네 말을 꾸어 가는 것도 금지되어 있다. 왜냐하면 현재 밀 네 말은 1만 원이지만 추수기에 이르러 보면 풍작일 경우라면 8천원으로 시세가 떨어질 것이요, 흉작이라면 1만 2천원으로 오를지도 모르기 때문이다. 따라서 '추수하면 동량의 밀로 반환한다.'는 것만으로는 꾸어 준 사람에게 부당한 손실이나 이득을 안겨 줄 가능성이 많다. 그러므로 이 경우에는 밀 네 말의 현 시세를 기준으로 놓고, 그 시세에 상당하는 돈 또는 밀을 추수기에 지불하는 식으로 정정하지 않으면 안 된다.

물가의 안정이라는 것도 당연한 일로서 유통 경제상 필요한 것이다. 가격을 부당하게 비싸게 매겨도 안 되지만 거꾸로 싸게만 매기는 것도 바람직한 일이 못된다. 특히 누군가가 시장으로 먼저 달려가 상품을 싸게 팔기 시작하면 그 상품 전체의 시세가 폭락될 우려가 있다. 이와 같은 행위는 탈무드에서 가장 경계하는 점이다.

'상품의 시장 가격이 결정되기 전에는 그것을 싸게 팔지 못한다.'(바바 메짜 편 5:7).

이것은 투기를 금지시키고 있는 것이 아니라 개인의 독주를 경계하는 말이다.

적정 가격에는 생산자와 일반 소비자 사이에 합의가 이루어진다. 그러나 어떤 사람이 추수도 끝나기 전에 자기 밭에서 거둔 밀을 싸게 팔기 시작한다면 그 여파는 다른 농민 모두에게 미친다. 싼 값은 일반 소비자의 환영은 받지만 결국 싼 값으로 팔아넘기면 그 부담이 다른 상품의 가격에 상승됨으로써 소비자 모두에게나 생산자에게나 좋은 일이 못된다.

6
섞은 물품 추방

적정가격과 함께 중요한 것은 섞은 것이 없는 순수한 상품이어야 하는 것이다. 밀이나 보리처럼 한 눈에 보아 그거라고 알 수 있는 것이라면 그다지 이 원칙을 지키기에 어려울 것이 없다. 하지만 섞은 것이 없어야 한다는 뜻은 햇밀에 묵은 밀을 섞어도 안 된다는 것을 의미한다. 일본에서는 햅쌀에 묵은 쌀은 고사하고 2년 전의 묵은 쌀을 섞어내고도 시치미 떼는 일이 있었다. 이와 같은 기만은 유대인의 사회에는 절대로 없다.

유대교도의 식물은 식이(코샤) 규정의 감시 하에 있다. 섞는 것은 일체 인정받지 못한다. 일반적으로 미국의 햄 소세지류는 맛있다. 그 중에서도 유대인의 비프살라미, 비프 소시지, 칠면조 고기의 햄은 특히 맛이 좋다. 돼지고기나 말고기가 섞이지 않았기 때문이다. 그 맛에 한번 맛들이면 일본제 소시지는 도저히 맛이 없어 먹을 맛이 안 난다. 일본제의 경우 생선살에 닭고기가 섞이고, 더구나 증량제로서 녹말이 다량으로 첨가되어 있기 때문에 고기 맛을 내고 있는 완자라는 편이 어울릴 성싶기도 하다.

코샤 규정은 술 종류에도 적용된다. 순수한 주정으로 빚어졌는가 아닌가는 랍비의 감시하에 음미되어진다. 가공식품이든, 술이든 코샤로서 합격된 것은 상표 밑에 담당 랍비의 서명이 찍혀 있다.

탈무드는 포도주에 물을 타서 파는 것도 규제하고 있다. 물탄 술이라는 것을 손님이 승인할 경우에 한해서만 술집에서는 물 탄 포도주를 팔아도 된다. 그러나 다른 술집이나 중개인에게는 비록 상대가 물 탄 것을 승인하더라도 팔아서는 안 된다. 이것을 사 간 다른 술집에서 손님에게 이 포도주는 물 탄 술이 아니라고 속여서 팔 우려가 있기 때문이다.

더구나 이와 같은 물 탄 포도주라면 잡균이 섞여 부패 발효하여 장기 보존이 어려워질 가능성도 있다. 어쨌든 이런 행위는 상업상의 신용을 잃게 하는 결과밖에는 안 된다.

얼마에 팔 것인가 생각하기 전에 상품의 품질관리부터 철저히 하여 정직하게 속이지 말고 파는 것이 중요하다.

뉴욕에 있는 한 유대인 고본 상인은 손님에게 책을 건네주기 전에 떨어져 나간 장은 없는가를 확인한다.

고본이므로 표지나 장정이 더럽혀져 있는 것은 어쩔 수가 없다고 하지만 본문이 다 갖추어지지 않은 책을 손님에게 팔아 넘겼다면 그것은 뒷날의 신용과 관계된다. 파손되었거나 결함이 있는 상품을 팔지 않는 신용으로 유대인은 고객의 수를 늘려 왔던 것이다.

하지만 이 반대의 경우에서도 유대인은 솜씨를 보인다. 즉 흠이 있는 물건을 싼값으로 대중에게 팔아넘기는 수법이다. 이 경우에 사는 쪽에서도 흠이 있는 물건이라는 것을 알고 사는 것이므로 이것도 속이는 것이 아닌 정직한 상술이다.

만하탄의 남동부에 통칭 이스트 사이드라고 불리는 한 구획이 있다. 중국인 거리에 인접되어 있는 구역이다. 그곳의 양복점에는 일류 메이커의 새 양복들이 죽 걸려 있는데 그것은 모두 시중가격의 반값이다. 모두 상표를 뗐다고 하기 보다도 뜯어낸 자투리 옷감으로 만든 물건인 것이다.

한 유대인 레코드 가게에 바겐 섹션에 신판이 싼값에 매겨져 놓여 있었다. 자세히 들여다보니 커버 귀퉁이에 직경 5밀리 정도의 구멍이 뚫려 있었다.

자세히 살펴보니 레코드판의 센터 부근에도 같은 모양의 구멍이 나 있었다. 상품에 일부러 구멍을 뚫어서 이것을 '흠이 있는 물건'으로 만들어 놓은 셈이다.

미국의 대학에서는 캠버스의 서적 판매장에서 교과서를 정가의 반액 정도로 팔고 있다. 거기에는 대문자로 'USED(유즈드=사용제)'라고 스탬프가 찍혀 있다.

물론 신품의 교과서에 말이다. 이것도 애초에는 아마 유대인의 판매주임이 고안해냈을 것이다. 그런데 다만 이런 종류의 스탬프가 찍혀 있으면, 사용한 뒤에 이번에는 정말 고본 점에 들고 가도, 그다지 짭짤한 값을 내고 사주지 않는다는 것이 유일한 난점이 되기는 한다.

유대식 중고품의 상법은 우리나라에서 통하기 어렵다. 왜냐하면 기능본위주의라기보다는 외견본위주의이기 때문이다. 상표를 중시하고 상품이름에 매달려서 유명 메이커의 상품이라는 것을 자랑하고 심지어는 그것을 일류 백화점에서 사 왔다는 것까지 자랑을 한다.

이를테면 좋은 물건은 어디에서 사든 별로 다를 것이 하나도 없는데도 '나는 ××패밀리의 일원입니다.'라는 듯이 이름이 박힌 쇼핑백을 들고 다니기를 좋아하는 사람들이 있다.

남자들은 회사 배지를 자기 가슴에서 반짝거리게 하며 부인들 가운데는 자기 목에 두른 네커치프 끝에 매달린 일류 디자이너의 사인을 보란 듯이 팔랑이면서 활보하고 있다.

이쯤 되면 이미 디자인 자체는 아무래도 상관이 없다. 이런 사람에게는 유명인이나 일류 품에 어떤 형태로든 자기가 관계되어 있는 것만이 최대의 관심사인 것이다.

이 허영심의 맹점에 끼어들어 횡행하는 것이 가짜 상품이다. 핸드백·

넥타이 · 스포츠 용품 등에서 프랑스제니 이태리제니 하고 속여 싼 물건에 비싼 값을 매겨 파는 사람들이 허다하다. 이런 경우 책망해야 할 것은 가짜를 공급한 상인보다도 그것을 선호하는 대중의 허영심일 것이다.

값싼 물건에 일류 메이커 상표를 달아 파는 사기 상술은 유대인의 전통 속에는 전혀 없다.

7
약자 보호의 계약

유대인에 있어서 고유의 사상은 계약사상이라고 일컬어지고 있다. 인간과 신 사이에 계약이 있으며 사람과 사람 사이에도 계약이 있다. 결혼을 하면 신랑은 신부에게 결혼 계약서를 읽힌다.

우리에게는 계약사상이 없으므로, 계약이라고 한다면 당사자 쌍방의 불신감을 제거하고 쌍방의 최소한의 책임을 명분화한 것이라고 일반에게는 알려져 있다. 그렇다고 해서 우리에게 계약사상이 전연 없다는 것은 아니다.

사실 계약은 불안정·불확실·불신을 배경으로 하고 이루어진다. 그러나 그 본질은 당사자 간의 합의에서 성립되며, 계약에 참가하고 있는 자가 그 이행과 완수를 위해 최대한의 노력을 경주할 것을 필수조건으로 하고 있다. 계약은 인간 불신의 사회에서 당사자의 신용과 선의를 전제로 하는 적극적이며 건설적인 제도이다.

여기서 재미있는 것은, 계약의 참가자는 본래 평등한 입장에서 평등한 의무를 지니기 위한 것이거늘, 유대인 사회에서는 오히려 약자를 보호하기 위해서 계약사상이 발전해 온 것으로 받아들여지는 점이다. 하나님과 이스라엘 민족과의 관계에 있어서도 부부간의 결혼계약서에 있어서도 거기에는 언제나 약한 자의 입장을 우선으로 배려하고 있다.

약한 자의 보호는 고용 조건에 관한 탈무드의 견해에서도 현저하게 나타나 있다.

사람을 고용하여 새벽부터 밤까지 일을 시키고 싶어도 이웃에서 사람들이 새벽부터 밤까지 일하는 풍습이 없을 경우에 그는 심한 일을 마음대로 시키지 못하게 되어 있다. 만약 일꾼에게 식사를 지급하는 것이 그 고장의 관례가 되어 있다면 급료 외에 식사도 제공해야 한다. 그것도 아무렇게나 적당히 차려 내어서는 안 된다. 대접은 남이 하는 대로 깔끔하게 하지 않으면 안 된다.

과수원에서 일하는 자들에게는 거두어들이면서 집어먹어도 된다고 허용되어 있다. 이에 대해서 구두쇠인 랍비 엘리에젤히스마는 '급료의 상당액 이상을 집어먹어서는 안 된다'고 이의를 내놓았다. 그러나 랍비들은 그의 의견을 각하하고 '단 욕심에 눈이 어두워 사람 앞을 꺼리는 정도여서는 안 된다'고 고용인들에게 자숙하는 것으로 훈계하고 있다.

노동조건에 있어서 주인은 상대가 어른이 되어 있으면 자기 아들딸이든 집안 일손의 아들딸이든 명확히 제시하지 않으면 안 된다. 아니, 자기 자신에 대해서도 그 경비의 한도를 명확히 규정하지 않으면 안된다. 날품을 판 자는(만일 저녁 때까지 품삯을 못 받았을 경우) 밤이 되어 일당을 청구할 수 있다. 밤 품을 판 자는 이튿날 낮에 청구되고, 시간 품을 판 자는(일하는 시간이 지난 뒤)낮과 밤에 구애 없이, 연품팔이의 경우에도 마찬가지다.

법은 '고용주는 고용인의 보수를 다음 날 아침까지 미루지 못한다'고 규정하고 있다. 이것은 사람에 대해서 뿐만 아니라, 가축 내지는 각종 도구의 임차에도 적용된다. 그리고 보수를 지불해 달라는 청구를 받았을 경우에는 즉시 지불하지 않으면 안 된다. 단 청구가 없는 경우에는 지불을 지연시킬 수 있다.

유대인은 검약 백성이므로 상업이나 실업 면에서 불필요한 지출은 철저히 삼간다.

손님을 접대할 때도 회사(회사라고는 해도 그와 그의 친구, 두 사람이 경영하는 작은 회사였지만)의 경비가 허용되는 범위 안에서 어쩌다 요정을 이용하는 정도다.

흔히 유대인을 일컬어 구두쇠라고 하지만, 그 구두쇠란 거꾸로 말하면 안정된 경영법을 의미한다. 유대인 회사에 근무하면 분에 넘치는 대우는 결코 기대하지 못한다. 그러나 어쨌든 남들처럼 살아갈 수 있는 생활 보장만은 약속된다. 만약 넉넉한 대우를 받고 싶다면 차라리 자기가 사업을 일으켜 경영자가 되면 그만이 아니겠는가. 땀 흘려 일한 만큼은 반드시 보상받게 된다는 것이 유대인들에게는 삼천 년의 신념이 되어 왔다.

'사람은 반드시 수고한 보람으로 먹고 마시며 즐겁게 지낼 일이다. 이것이 바로 하나님의 선물이다'(전도서 3:13)

8

거래 책임은 이렇게 진다

우리들이라면 외상으로 달아 놓을 만한 대차 관계나 거래상의 문제도 유대인들은 명확한 규정을 짓고 있다.

유대인은 한 마디로 유대인이라 하더라도 애초부터 이해관계가 다른 열두 부족의 연합으로 이루어져 있었고, 나중에는 세계 속으로 이산되었기 때문에 사고방식이나 습관이 다른 유대인 상호간의 이익 조정을 위해 치밀한 법체계가 필요했다.

탈무드는 유대인의 일상의 제문제(諸問題)에 관한 랍비들의 견해를 집대성시킨 것으로 거기에는 사람의 생각이 미치는 범위에서 여러 가지 문제들이 무수히 수록되어 있다.

A가 B에게 "이것 좀 맡아 지켜 주게. 난 자네의 것을 지켜 줌세."하고 제안했다. B는 가볍게 이에 응했다. 이 경우 A, B 모두 상대의 물건을 안전하게 맡아 지킬 책임이 있다.

A가 B를 보고 "이것 좀 맡아주게" 하고 의뢰한 데 대해 B가 "좋아, 거기 놓고 가게"하고 대답했다면, B가 A에게 책임을 진다. A는 B의 선의에 대해서 반드시 보상할 의무는 없다. 현재 식으로 말을 빌면, 이것은 쌍무계약과 편무계약의 상위 점을 말해 주는 것이다.

하지만 실제로는 상대방의 물건을 어디까지 변상하지 않으면 안 되는

가. 탈무드는 세 가지 사례를 들어 이에 대한 판단을 제시했다.

첫째로, 무급으로 타인의 물건을 받았을 경우, 맡은 물건의 분실 손상에 있어서 그 사람은 변상의 의무가 없다.

그러나 타인의 물건을 빌렸을 경우는 사정이야 어떻든 그것과 똑같은 물건으로 변제할 의무가 있다.

둘째로, 유급으로 고용되었거나 물건을 맡은 사람은 주인의 재산을 변상하지 않으면 안 된다.

단 그것은 분실, 도난 내지 기타 부주의로 인한 사고에 대해서이며, 불가항력의 천재(예컨대 늑대의 무리나 사자에게 방목중인 양이 물려 죽었을 경우)에 의한 사고는 책임추궁을 받을 수 없다.

여기서 재미있는 것은 어떤 것이 인재이며 어떤 것이 천재인가 하는 그 구별까지를 아주 상세하게 논급하고 있는 점이다. 즉 셋째 번의 예가 되겠지만, 양치기가 주인의 가축을 방목하고 있을 때 들짐승이 나타나 달려들었다. 사자・곰・표범・독사가 나타났다는 것은 한 마리의 경우라도 이것은 막아낼 수 없는 천재로 인정한다.

그러나 늑대는 두 마리 이상이 떼 지어 와 가축을 습격했을 경우에만 격퇴 불가능의 사고로 인정이 된다. 들개는 두 마리까지 격퇴 가능하나, 만일 전후 쌍방으로 습격해 왔을 경우 가축의 피해는 불가항력의 것으로 판정이 되고 있다.

그러나 상기한 바는 어느 예에서든 안전한 장소에서 가축을 방목하다가 일어난 사고에 한해서 천재로 인정되며, 양치기가 일부러 위험한 장소에 가축을 몰고 갔다가 그런 결과가 되었다면 사고의 모든 책임을 져야 한다.

요컨대 부주의에서 빚어진 사고는 모두 책임을 져야 한다. 따라서 유대인은 용의주도하고 치밀한 준비 과정을 마친 뒤에 일에 착수하며 세심한 주의를 기울여 직무 완수를 다한다. 위험한 다리를 건널 때에도 무모한 내기는 하지 않는다.

몇 년 전에 세계의 이목을 집중시켰던 '엔테베 작전(팔레스타인 게릴라에게 인질로 잡힌 항공기의 승객을 우간다의 엔테베 공항에서 기습 탈회했던 사건)'의 성공은 행운이 1퍼센트, 면밀한 계획을 한계상황까지 연단해 낸 맹렬한 예행연습이 99퍼센트였다고 전한다.

유대인이 성공을 거두는 비결은 돌다리도 두드려 보고 안전하게 건널 수 있도록 준비를 철저히 하는 데 있다.

9
철저한 계약

유대인의 합리주의를 잘 나타내고 있는 예를 하나 더 들기로 하면, A가 B의 소와 B 자신을 농장 경영을 위해 고용했다. 그런데 작업 중에 사고로 소가 죽고 말았다. 이런 경우 그 책임은 A에게 달려 있는가? B에게 있는가? 탈무드는 B의 책임이라고 한다. A는 B와 소를 정당한 값을 지급하여 고용했으므로, 이 경우 B는 소의 관리자로서 고용되었을 줄 안다.

다음은 A가 B에게서 먼저 소를 임차하고, 그 뒤에 다시 B 자신도 고용했다고 하자. 그런데 소가 작업 중에 죽었을 경우, A는 B에 대해서 죽은 소 값을 보상하지 않으면 안 된다. 왜냐하면 B의 소를 빌린 것과 B 자신을 고용한 것은 각각 독립된 별개의 계약 관계이기 때문이다.

직장인은 생산품의 미수나 불량품에 대해서 주인에게 보상할 의무가 있다. 원재료는 주인의 부담이기 때문이다. 그러나 만일 제품을 주인이 인수하고, 직원에게 노임을 지불한 뒤에는 물건이 부족하거나 불량품이 발견되었다 하더라도 이미 직원의 책임은 아니다. 계약은 이미 끝났기 때문이다.

이것은 하청 받은 직원의 책임 범위를 나타낸 것이다. 그것쯤이야 상식이 아니냐고 현대인은 넘겨 버릴지 모른다. 하지만 비록 상식의 범주 내에 관례라 하더라도 그것이 법체계의 일부로 승인되어 있느냐 없느냐 하는 데서 현실에 미치는 효력은 크게 달라진다.

그것이 상 습관으로서 법적으로 확립되어 있지 않다면, 하청인은 함부로 불량품을 만들어 "생산의 미수를 경영자께서 의당 각오하셔야 하지 않을까요?" 하고 큰소리치며 시치미 뗄 수도 있기 때문이다. 아니면, 제품과 대금을 거두어 받은 뒤에, 주인 측의 잘못으로 제품을 파손했으면서도 "이봐라, 불량품이 끼여 있었어."하면서 나무라고 다른 새것과의 교환을 요구할지도 모르기 때문이다. 상식에 지나지 않는 일이라 하더라도 당사자 간에 명확히 하고 확인해 두는 것, 이것이 바로 계약이다. 상호간의 이익을 옹호하기 위해서 계약은 맺어진다.

유대인과 거래를 하면 지나치도록 치밀한 조건을 단다면서 투덜거리는 걸 가끔 보게 된다.

매매관계에 있어서도 탈무드는 독자의 판단을 내리고 있다.

A는 B에게 곡물을 팔았다. 그런데 A가 그 곡물을 정확히 달기도 전에 B는 그것을 모두 자기 장소로 옮겨가 버렸다. 곡물에 대한 B의 소유권은 (대금 지불과는 상관없이) 이 시점에서 확정된다. 거꾸로 A가 계량을 마쳤더라도, B가 상품을 자기 장소로 옮겨가지 않은 한(비록 대금 지불을 마쳤더라도) B는 아직 상품을 소유한 것이 아니다.

우리는 흔히 대금만 지불했으면 이미 구입이 된 것으로 인정하며 그 소유권이 확정된 것으로 여긴다. 그러나 매매라는 행위의 목적이 본질적으로는 물품의 양도에 있음을 탈무드는 착안하여, 오히려 구매인이 상품을 자기 처소로 옮겼는지의 여하에 따라 그 매매 효력의 유무를 가늠했던 것이다. 따라서 살 사람이 대금을 지불도 하지 않고 상품을 자기 장소로 옮긴 직후에 상품이 모두 파손되어 버렸을 경우에 양도는 끝난 셈으로 산 사람은 판 사람에게 대금 전액을 지불하지 않으면 안 된다.

대금 지불에 의한 것으로 상품의 양도가 보증된다고 한다면, 간단히 옮겨갈 수 없는 대량의 상품이나 무거운 석재 같은 것이나 밭에서 아직 거두어들이지 않고 있는 농작물의 경우에는 어찌될 것인가 하는 뒤 문제가 따르게 된다.

이에 대한 탈무드의 해답은 지극히 명쾌하다 . 즉 매매계약이 성립된 그 상품이 놓여 있는 장소를 즉각 판 사람에게서 빌려 버리는 것이다. 그렇게만 하면 장소의 점유권에 의해서 사실상 상품을 산 사람의 수중에 간직하는 것이 된다.

농작물이라면 산 사람이 그 일부를 흝어내며 '자, 나는 이를테면 이 농작물에 이미 낫을 댔노라' 하는 식으로 기정사실을 성립시켜 버리면 된다.

10
투기의 룰

상품에 따라서는 가격 변동이 심해서 엊그제는 쌌는데 오늘은 값이 올랐다는 것들이 있다. 탈무드에 의하면, 살 사람에게 물건을 넘겨주기까지는 파는 쪽에 소유권이 있는 것이므로, 넘기기 전이라면 원칙적으로는 아직 팔 사람이 그것을 처분할 수도 있다. 만일 넘기기 이전에 값이 오르거나 내릴 경우는 어떻게 될까.

A는 B에게 올리브유를 한 섬당 일만 원에 주기로 약속했다. 그런데 B에게 넘겨주기 전에 올리브유의 시세는 섬당 일만 이천 원으로 올랐다. 만약 A가 B에게 건네 줄 기름의 분량을 아직 말로 되지 않았다면 그는 섬당 일만 이천 원의 새 가격으로 팔아도 된다. 기름은 아직 한 방울도 B의 소유가 되어 있지 않으며, 더구나 B가 A에게서 사기로 했던 약속을 취소한다 하더라도 어차피 시가는 일만 이천 원으로 올라 있기 때문에 구태여 싸게 팔 필요는 없다.

그러나 만약 A가 B에게 넘겨줄 기름을 계량하여 넘겨 줄 몫을 따로 갈라 내놓았다. 그렇게 하고 난 다음에 새 시세가 판명되었다면 A는 애초에 약속했던 대로 섬당 일만 원으로 B에게 넘겨 줄 의무가 있다. 왜냐하면 계량된 시점에서 그 몫에 관한 한은 섬당 일만 원이라는 가격이 확정되어 버렸기 때문이다.

사는 쪽에서는 상품 값이 오르기 전에 매매계약을 맺어 하루라도 빨리 소유권을 확립하려 한다. 한편 파는 쪽에서는 조금이라도 값이 오를 때를 노려서 상품을 풀고자 물건을 끼고 있다. 시세 변동을 지켜보며 팔 사람이나 살 사람이 서로의 눈치를 살피기에 여념이 없다. 그것도 주관적인 셈속으로 투기적 행위에 나서는 것이 아니라, 유대인은 무엇보다도 룰에 따라 거래하는 게임을 벌인다.

그것은 물건을 값을 치르고 사고파는 것으로 끝나는 식을 말하는 것이 아니다. 마치 장기를 두는 것과 마찬가지로 거래의 한 단계 한 단계마다 그 효력이 미치는 범위를 충분히 내다보면서 다음의 정석을 생각해 나간다. 그 상술은 비논리적인 직감(투기)에 의한 것이 아니라, 합리적인 상황분석(고찰)에 의한 것이다. 영어로는 '투기'나 '고찰' 모두를 'speculation'이라고 일컫지만 실로 유대인의 '투기'는 치밀한 '고찰'과 무관한 것이 아니다.

더구나 그 고찰은 단순히 상품의 유통에만 눈길을 보내는 것이 아니다. 과연 매매는 물품의 양도 교섭이지만, 그 근저에는 당사자 간에 그 거래에 의해서 최종적으로 만족하는 심리적 요소가 불가결하기 때문이다. 따라서 거래 상대간의 인격을 확인하고 거래의 어느 단계에 있어서나 상대방이 납득할 수 있는 합리성을 가지고 교섭에 임할 필요가 있다.

하지만 그것은 '우리는 무엇보다도 손님들 마음에 드시도록 배려하고 있습니다.'라는 발라 맞춤과는 다음과 같은 점에서 다르다. 즉 유대인은 그것이 자기 자신도 납득이 가는 합리적인 것인가 아닌가를 먼저 음미하면서 상담을 해 나간다. 걸핏하면 상인들은 '이번에는 손님에게 잘 해 드리고 나는 손해를 보자, 다음번에 벌면 되니까' 이렇게 생각한다. 하지만 이렇게 되면 어쨌든 이익 높은 계산서는 손님에게로 돌아온다. 유대인은 이처럼 손익 분기점을 깨트려 가면서는 장사를 하지 않는다.

중요한 것은 일회적인 서비스 정신은 발휘하지 않는다는 것이다. 바른 신용을 사서 장기적으로 거래할 수 있는 길을 터놓는 것이다.

'네 이웃을 네 몸과 같이 사랑하라'고 한 성서의 가르침에 대해서 유대인은 '먼저 나 자신을 진실로 사랑하지 않고 어떻게 이웃을 사랑할 수가 있는가?'라고 가르치고 있다. 자기 사랑의 정신이 결여된 이웃 사랑의 행위는 결국 위선이다. 오히려 이기적인 것이 되기 쉽다.

일시적인 출혈 서비스는 자타 동시에 하등의 이익도 되지 못한다.

11
불로소득은 악이다

A가 B에게서 밀 한 섬을 일만 원에 사기로 약속하고 계량도 마쳤는데, A는 도무지 그것을 가져갈 생각을 하지 않는다. 그러는 동안에 시세가 일만 이천 원으로 뛰어 오르고 이윽고는 이 만원까지 올랐다. 그제서야 A는 B에게 "그 밀을 넘겨주게, 나는 그걸 팔아서(이만원어치의) 포도주를 사려네" 했다.

B는 A가 한 밑천 남기려는 수작임을 알아챘다. 그래서 자기에게는 포도주 한 방울도 없으면서 "이봐, 그 밀 값은 이만 원으로 치세. 그리고 그 값에 해당하는 포도주를 내가 자네한테 넘겨 줌세"라고 대답했다. A, B 모두 제각기 자기야말로 폭리를 놓치지 않으려고 서로 양보하지 않는다.

탈무드는 이와 같이 폭리를 둘러싼 영리 행위를 엄중히 금지하고 있다. 뿐만 아니라 어떠한 사정에서든 이자를 주고받는 행위를 엄금하고 있다. 성서는 이와 같이 말하고 있다.

'너희는 그에게서 세나 이자를 받지 못한다.'(레위기 25:36)

그러나 어떠한 이익도 인정치 않는다면 경제활동은 성립되지 못한다. 성서가 엄금하고 있는 것은 부당한 폭리나 고금리를 단속하는 말이요, 정당한 거래에서 오는 이익을 두고 하는 말이 아니다. 탈무드는 위의 금지 명령에 저촉될 만한 몇 가지 사례에 대해서 그 기본적 견해를 제시하여 일반의 판단 자료로 삼게 하고 있다.

앞에서도 말했거니와, 부동산의 임대차의 경우 일시불이면 연간 십만 원, 다달이 쪼갤 경우에는 월 일만 원으로 책정하는 것은 허용이 된다. 그러나 매매 가격이 백만 원 상당의 물건에 대해서 1년 뒤의 연불이라 해서 백 이십만 원으로 매기는 것은 인정하지 않는다. 이것은 명백히 이자분의 증가로 보게 되기 때문이다.

A는 B에게 밭을 팔았다. B는 대금 중에서 일부밖에는 내지 않았기 때문에 A는 B에게 이렇게 말했다. "잔금은 자네가 내고 싶을 때 내게. 그 대신 나는 전액을 건네받은 뒤에야 이 밭을 자네에게 넘기겠네"

탈무드는 A의 이와 같은 조건을 금지하고 있다. B가 전액을 지불할 때까지의 기간 동안 A가 밭을 다른 사람에게 세를 놓거나 자기가 부쳐서 수익을 올릴 가능성이 있기 때문이다.

A가 B에게 큰돈을 빌려주고 B는 자기 밭을 담보로 맡겼다. 이 때 A는 B에게 "만일 삼 년 안에 돈을 반환하지 않을 경우에는 밭은 내 소유가 되네"라고 선언했다. 삼 년이 지났는데도 B는 A에게 빌린 돈을 갚지 못했다. 밭은 A의 소유가 되었다. 탈무드는 차액에 비추어 반환기간이 상식으로 납득될 만큼 충분한 기간이 될 경우에 위와 같은 계약을 유효한 것으로 인정하고 있다. 단 소유권의 이양에 대해서는 법정에서 승인을 받을 필요가 있다.

폭리를 탐해서는 안 된다고 하는 금지 명령 하에서는 지주가 소작인에 대해서 일방적으로 소작료를 올릴 수는 없다. 그러나 매년 밀 열 섬을 바칠 조건으로 밭을 빌리고 있는 소작인이 밭거름을 하기 위해 지주에게서 오십만 원을 빌렸다. 그리고 차액 바환 방법으로 소작료를 해마다 밀 열다섯 섬씩 쳐서 갚게 해 줄 것을 건의했다. 이 경우는 금리 금지령에 저촉되지 않는다. 지주 쪽에서도 자기네 밭에 응분의 투자를 하고 있기 때문이다.

이를테면 성서나 탈무드가 금지하고 있는 것은 젖은 손으로 좁쌀을 움키는 식의 부당 이득을 노리거나 도사리고 앉아 남을 사역 착취하는 일이다. 투자하는 쪽에서 그에 상응되는 리스크를 부담하는 경우에는 투자의 결과 거리를 거두어 들여도 이는 비난의 대상이 되지 않는다.

12
투자 이익을 긍정한다

A가 B에게 돈을 대주어 소매상을 차리게 했다. 그리고 거기서 나오는 이득은 반씩 나누기로 약속을 했다. 이렇게 되면 A는 일도 하지 않고 B의 노고로 거두어진 것을 착취하는 꼴이 된다.

그래서 탈무드는 다음의 조건을 설정했다. 즉 A가 B에 대해서 장사 기간 동안에는 급료도 지불하도록 한다고. 그렇게 하면 B는 A의 고용인이 되고 장사의 최종책임자는 A가 되므로 A가 매상에서 얻어진 이익을 절반 가져도 부당한 착취는 되지 않는다.

그러나 출자해 주는 상대에게 일일이 급료까지도 지불해주지 않으면 안 된다고 한다면, 출자자로서 융통할 수 있는 자본에 한도가 있다. 특히 중세에 이르러 금융업 이외에는 유대인에게 남겨진 직업이 없고,

금융업을 시작하기 위해 유대인이 다른 유대인에게서 자본을 빌려 들이는 현상이 일어났다.

거기서 생각해내게 된 것이 무한책임과 유한책임의 융자 방법이다. 즉 무한 투자(헤테르 아스카)와 한정투자(아스카 아스라)이다.

무한 투자라는 것은 출자자 A는 사업주 B에 대해서 자본을 대주고, B가 이익 가운데서 원금의 배를 A에게 환불할 때까지 대부기한은 무기한인 것이다. 이 융자에서는 담보를 잡지 않는다. 단 B의 사업이 실패했을 경

우에 B에게는 부채를 반제할 의무는 없으며 손실의 모든 책임은 A에게로 돌아간다.

말하자면 헤테르 아스카는 출자자로서는 잃기 아니면 따기의 투기가 되겠다. 무담보, 무기한 그리고 출자자의 무한 책임이라는 리스크의 대가로서는 융자액의 배를 청구하는 것도 무리는 아니라고 랍비들은 판단했던 것이다.

다음은 한정투자의 경우, 투자자 A는 사업주 B에게 무담보로 자본을 대주지만 B가 사업을 계속하는 한 거기서 거둬지는 수익은 으레 A와 B 사이에서 반으로 나눠진다.

만일 B가 사업에 실패하면 그 손실에서도 두 사람은 반씩 책임을 진다. 단 사업을 시작하고 처음 약속했던 대로 일정기간에 닿아서 원금의 배를 투자자에게 환불해 버린다면,

그 이후에는 설사 아무리 많은 수익이 있었어도 그건 사업주에게로 돌아간다. 즉 사업 책임을 투자자와 사업주 사이에서 분담함으로써 헤테르 아스카에서 보게 되는 투자의 위험성을 경감하고자 취하는 것이 아스카 아스라의 노리는 점이다.

'너희는 그에게서 세나 이자를 받지 못한다.'고 가르치고 있는 성서의 말씀에 대해 한편에서는 무한투자, 한정투자의 명목으로 금융제도는 실제로 인정받고 있다.

언뜻 듣기에 모순처럼 보이는 이 양자 간에는,

금리금지→착취금지→부당이익의 부정→정당이익의 긍정→투자자의 책임부담→투자에 대한 이익의 긍정이라는 이론적인 도식이 전개되어 있다.

그 배후에는 법 정신에 비추어 법의 적용 범위를 재검토하고 현실에 맞도록 해석을 달아 나간다는 유대적인 현실주의의 전통을 엿볼 수가 있다.

유대인이 5천 년의 역사를 누비며 존속해 나온 비결은 현실에 대해 부정적이고도 계약적인 태도를 취하지 않고 항상 긍정적이며 건설적인 태도로서 임하고자 한 바로 그 점이다.

그리고 수많은 유대인이 사업가로 성공을 거두어 온 한 가지 이유는 현실 속에 숨어 있는 수요를 캐내어 거기에 자신이 모든 힘을 경주하는 바로 그것이 아닐까 한다.

13
상술에 민감한 머리

'삼소나이트' 하면 누구든지 비즈니즘 내용의 스마트한 브리프 케이스나 스츠 케이스를 연상하게 된다. 이 삼소나이트사의 창립자 쉬웨이더 씨도 유대인이었다.

그는 1900년대 초에 아버지를 따라 동구에서 미국으로 이주해 왔다. 처음에 아버지는 뉴욕에서 잡화상을 차렸으나 잘 되지 않았다. 그래서 시카고로 옮겨가 다른 장사를 시작했으나 이것도 실패했다. 빚 때문에 더 이상 꼼짝 못하게 되자 각지로 전전하며 밤도망을 다니게 되었고, 마지막으로 눌러앉게 된 곳이 콜로라도주의 덴버시였다.

거기서 채소 가게를 냈으나, 역시 별 재미를 보지 못했다. 또 도망치지 않으면 안 될 운명에 처했다. 밤도망을 치려해도 이제는 더 걸음을 내딛을 곳도 없게 된 처량한 아버지를 보고 아들 쉬웨이더는 "아버지, 저에게 가게를 맡겨 주십시오"하고 아버지를 설득했다.

당시 덴버는 요양지로서 유명했으므로 연중 요양소를 찾아오는 요양객의 인파가 그치지 않았다.

채소 가게 앞에 서서보고 있노라면 잇따라 정류장 쪽에서 새로 내린 손님들이 새 트렁크를 들고 요양소를 향해 걸어갔다. 그런데 다시 자세히 눈여겨보니, 돌아갈 때 손님의 트렁크는 거의가 터지거나 찢어지고 해서 끈이나 벨트 같은 것으로 묶어 간신히 트렁크의 모양만 내고 있는 형편이었다. 이런 점에 벌써부터 관심이 있는 그는 아버지의 채소 가게를 가죽가방 가게로 간판을 바꿔 달았다. 가게가 정류장 근처에 있었던 것이 여간 다행한 일이 아니어서 트렁크는 날개 돋친 듯이 팔렸다.

처음에는 납품마저 주저하던 뉴욕의 트렁크 메이커들은 이윽고 쉬웨이더 상사에 다투어 신제품을 보내오기 시작했다. 어쨌든 불과 이 년 뒤에는 트렁크류의 매상고를 전 미국에서 제일 많이 올린 가죽상사가 될 만큼 성장했다. 쉬웨이더 상회의 가게를 찾아가면 덴버가 벽촌이면서도 뉴욕 최신의, 더구나 톱 디자인의 트렁크를 살 수 있다는 소문이 퍼져 점점 더 유명해졌다.

그러는 동안 일류 메이커들은 부디 쉬웨이더 씨를 만나 뵙고 그간의 감사를 드려야겠다는 생각으로 그를 뉴욕으로 초대하게 되었다. 쉬웨이더 씨가 도착하는 날, 뉴욕의 펜실베이니아 철도 중앙역에는 각 회사의 대표와 사장들이 몰려나와 서서 마치 무슨 굉장한 총회라도 벌이는 듯이 북적거렸다. 그런데 열차에서 막상 홈에 내려선 쉬웨이더 씨를 보자 일동은 그만 놀라 입이 딱 벌어지고 말았다. 그것은 쉬웨이더 상회 대표 취체역이 약관 열 여섯 살의 소년이었기 때문이다.

그 뒤 그는 트렁크 류의 자가 제조도 시작했다. 떨어뜨려도 끄덕 없고 메어쳐도 파손되지 않는 질기고 튼튼한 트렁크를 만들려고 결심하고 노력했다. 그리고 그가 제조한 튼튼한 트렁크에 '삼소나이트'라는 이름을 붙였다. 왜냐하면 그가 어렸을 때 그의 작은 가슴을 언제나 감동으로 채워 주던 성서 이야기 속에는 괴력을 발휘하던 영웅 삼손의 이야기가 살아 있었기 때문이었다. 그 삼손의 이름에 연유하여 그는 자신의 사업 위에도 어린 날의 꿈을 기념하고 싶었던 것이다.

채소 가게 앞에 서서 바라보던 사람의 물결, 거기서 얻어진 작은 생각이 세계의 가방 삼소나이트를 탄생시킨 계기가 되었던 것이다.

유대인의 상법이라는 것이 만일 있다면 그것은 현실의 직시와 파악, 그리고 현실에 대한 적절한 합리적인 판단, 다음은 본인의 노력 여하에 달려 있는 바로 그런 것이 될 것이다.

'흥, 그렇다면 나나 별로 다를 것도 없잖아' 이렇게 생각하는 독자께는 드릴 말씀이 없다. 상업이라는 것은 원래 때를 맞춰 내다볼 줄 아는 안목과 정직, 이 두 가지만 구비되면 결코 어려운 것은 아니다.

유대인의 부호 F씨의 부인은 일본 여성인데, 결혼한 경위를 묻는 사람들에게,

"F씨하고는 중매결혼을 했어요. 상대가 유대인이라는 바람에 처음에는 얼마나 놀랐는지 몰라요. 누구나 유대인 하면 「베니스의 상인」 정도로만 알았으니까요. 하지만 결혼하고 보니 참 좋은 사람이라 얼마나 행복한지 몰라요."

하고 술회하는 말 가운데는 만족감이 깃들이어 있었다.

유대인과 거래를 할 경우 상대의 인격에 존경심을 가지게 되며 상담 그 자체는 어디까지나 합리주의적인 것이 된다.

* 지혜는 유산과 같이 좋은 것이다. 지혜의 그늘에 사는 것이 돈의 그늘에 사는 것이다.(전도서 7:11~12)

14

유대인을 수전노로만 생각해서는 안 된다

동양에서도 유대인은 장사 솜씨가 뛰어난 것으로 유명하다. 그러나 2차 대전 뒤에 일본이 경제부흥기를 맞았을 때 유대인 실업가들이 일본 제품들을 헐값에 사들였다는 이야기는 헛소문이다.

물건 값을 깎는 것은 비즈니스의 한 방법이다. 누구든지 싸게 사서 할 수 있는 대로 비싸게 팔려고 한다. 이것은 유대인뿐만 아니라 어느 나라의 장사꾼도 마찬가지이다. 사람을 속이는 것과 상담을 벌여 값을 깎는 것은 전혀 다르다고 하겠다.

쌍방의 합의에 따라 상담이 한 번 이루어지면 이것은 정당한 상업행위이다. 유대인만이 무자비할 만큼 물건을 탓하고 값을 깎는다는 말은 마찬가지로 처음부터 악의와 편견을 가지고 유대인을 보기 때문에 생긴 말이다.

개인적으로 말하면 그가 가게에서 에누리하는 것을 싫어한다. 거의 모든 유대인들도 값을 깎는 일은 그 사람의 위신에 관한 일이며 시간 낭비라고 생각한다. 물론 이것은 비즈니스로서 사고파는 것이 아니라 소매점에서의 이야기이다.

그런데 에누리를 않고 물건을 파는 것, 다시 말해서 제 값을 받고 물건을 파는 것을 생각해 낸 것은 유대인이었다. 그것은 백화점이다. 백화점은 미국에서 유대인이 만든 것인데 상품의 제값을 받고 모든 상품을 갖춘 가게라는 원칙과 특징이 있다. 그러므로 미국에서 손꼽는 백화점의 경영주는 유대인이다.

이 백화점들은 유대인이 미국에 와서 처음에는 손수레를 끌고 떠돌이 장사를 다니며 번 돈으로 세운 것이다. 한 대의 손수레에 여러 상품을 싣고 다니던 것을 한 처마에 여러 상품을 고루 차려 놓고 또 대량으로 사들임으로써 싼값에 팔 뿐인 것이다.

이와 같이 백화점의 경우에서도 볼 수 있는 것처럼 유대인은 새 분야를 개척하며 새것을 창조한다. 그래서 유대인은 타고난 장사꾼 같아도 실은 그렇지 않은 것이다. 유대인이 장사꾼이 된 것은 그들이 살 길은 오직 그것이기 때문이었다.

오랫동안 유대인은 갖은 박해 속에서 살아 왔다. 중세기에 유대인에게 허락된 생업이라면 오직 장사였다. 그러나 경제적으로도 언제나 한계와 영역이 있었다. 상류사회에도 진출 못했다. 클럽에도 가입이 안 됐고 골프 회원으로도 가입이 안 됐다. 그러한 까닭에 유대인은 항상 선구자로서 새 분야에 손대어 발전해 나가지 않으면 다른 수가 없었던 것이다.

여기서 가령 자동차 업계로 치면 미국의 돗지 형제, 프랑스의 헨리포드로 불리는 시트로엥 같은 유대인이 나왔다. 그리고 오늘날 정보산업으로 일컫는 분야를 유대인이 개척한 것도 마찬가지이다.

15
과 음

유대인의 특징 하나는 비즈니스에 대한 태도이다. 하나의 문명은 여러 복합요소가 작용하여 이뤄지는데 유대의 이 점은 매우 흥미롭다. 이 두 문화를 형성하는 요소 가운데 비즈니스에 대한 열의와 관심이나 방법이 산출된다. 오늘날 일본에서는 비즈니스가 사회적으로 상당한 자리를 차지하고 있으며 그 때문에 패전의 잿더미 속에서 세계적으로 손꼽히는 GNP를 가진 나라로 발돋움한 것이다.

역사 법칙으로 보면 일본은 2차 대전 후에 다시 일어서지 못했어야 한다. 그들은 깊은 실의와 낙담과 비관을 딛고 비즈니스라는 수단을 통해 나라를 재건하고 경제부흥을 이룩했다.

유럽의 유대인들이 즐기던 민요가 있는데 그들은 이 노래가 노출되는 것을 꺼린다.

유대인 아닌 자는 주정꾼
술을 좋아하니 안 마실 수가 있나
그래서 또 취해서 곤드라지네.

이것은 편견이 아니다. 실지로 유대인은 술을 과음하지 않으므로 술에 취해 곤드라지는 일은 없다. 그런데 한국인 중에는 술로 몸을 망치는 이가 많다.

유대인이 아닌 비즈니스맨은 술자리에서 홍정을 하기도 하고 대낮부터 술을 마시기도 한다. 그러므로 맑은 머리로 비즈니스를 할 수가 없다. 그러나 유대인은 결코 도에 넘치도록 술을 마시지 않으므로 비즈니스를 할 때 언제나 냉정하다.

칵테일파티에 가면 유대 사업가들은 거의 약한 술이나 소다수를 마신다. 결국 그 날뿐 아니라 이튿날도 그들은 맑은 머리로 새 계획을 세우는데 유대인이 아닌 사람들은 술에 취해 이틀 사흘 고통을 당한다. 만일 이것으로 유대인을 교활하다고 한다면 그 교활함은 본받을 만한 것이라고 하겠다.

16

78대 22의 우주법칙

유대인의 상술에는 법칙이 있다. 그 법칙을 뒷받침하는 것은 우주의 대 법칙이다. 인간이 제아무리 발버둥을 쳐도 결코 굽힐 수 없는 것이 우주의 대 법칙이다. 유대인의 상술이 이 대 법칙에서 벗어나지 않는 한 유대인들은 결코 손해를 보지 않는다.

유대 상술의 기본이 되는 법칙에 「78대 22의 법칙」이라는 것이 있다. 엄밀히 말하면 78이나 22에는 플러스, 마이너스 1 즉 ±1의 오차가 있으니 이는 때에 따라 79대 21이 되기도 하고 78.5대 21.5가 될 수도 있다.

예를 들어 정사각형과 그에 내접하고 있는 원의 관계를 생각해 보자. 정사각형의 면적을 100이라 한다면 그에 내접하는 원의 면적은 약 78이 되고 나머지는 22가 된다. 이와 같이 정사각형에 내접하는 원과 나머지 면적의 비는 「78대 22」의 법칙에 일치하는 것이다.

또 공기의 성분이 질소 78에 산소와 기타가 22인 비율로 이뤄져 있다는 것은 너무나 잘 알려진 사실이다. 사람의 신체도 수분이 78, 기타 물질이 22의 비율로 이뤄져 있다. 이 「78대 22의 법칙」은 인간의 힘으로는 도저히 어떻게 할 수 없는 대자연의 법칙이다.

인간이 인위적으로 질소 60에 산소 40인 공기를 만들었다고 해도 이 속에서 인간은 도저히 살아나가지 못할 것이다. 또 인체의 수분이 60이 되면 인간은 죽고 만다. 그러니 「78대 22의 법칙」은 결코 「75대 25」나 「60대 40」으로는 되지 않는 절대의 법칙이다.

이 법칙 위에 유대인의 상술은 성립되어 있다. 세상에는 「돈을 빌려주고 싶어 하는 사람」과 「돈을 빌려 쓰는 사람」이 있는데 그 중에는 「빌려주고 싶어 하는 사람」이 단연코 많다. 은행은 많은 사람들로부터 돈을 빌어다가 일부 사람들에게 빌려주고 있다. 만일 「빌려 쓰고 싶어하는 사람」이 많으면 은행은 당장 문을 닫아야 한다. 샐러리맨 가운데도 「돈을 벌면 빌려 준다」는 사람이 압도적으로 많은 것이다.

이를 유대식으로 말하면 이 세상은 「빌려주고 싶다는 사람」 78에 「빌려 쓰고 싶어 하는 사람」 22의 비율로 성립되어 있다는 것이다. 이와 같이 돈을 「빌려주고 싶어 하는 사람」과 「빌려쓰고 싶어 하는 사람」 사이에도 이 「78대 22」의 법칙은 존재한다.

무슨 일이든지 성공률은 78이고 실패율은 22인 것이다. 실패율 22를 생각지 말고 나도 하면 78의 성공률 속에 있다는 생각을 가지고 좌절하지 말아야 한다.

17

정당한 값만 받고 판다

어떤 학자는 "하나님이 존재하지 않았다면 인간은 발명되어져야만 했을 것이다"라는 유명한 말을 했다.

많은 나라들이 사업을 발전시키기 위해 그 나라에 유대인이 없으면 일부러 초빙하곤 했다. 폴란드 역시 그런 부류의 국가다. 중세의 폴란드는 후진국이었다. 그 무렵에 유대인들은 이태리, 프랑스, 독일 등지에 흩어졌고 동유럽은 미개척지였다. 그 때에 폴란드 왕은 유대인에게 문호를 개방하여 경제부흥을 시도했다. 드디어 유대인은 폴란드의 실업계에서 중대한 위치를 점유하여 폴란드가 최초로 만든 돈에 히브리어를 적을 정도였다.

폴란드는 근대에 들어서 더 많은 유대인을 받았다. 2차 대전 전까지 폴란드의 유대인은 300만이었다. 그러나 거의 나치에게 죽임을 당했다.

유대인을 이용한 예는 작은 대공국에서도 목격할 수 있다. 대공이 자기 나라의 경제를 일으킬 때 유대인을 초빙했다. 그런 반면 유대인이 너무 일어나면 그곳의 백성들이 반발해서 그들을 박해했다.

이같이 유대인은 중세기 동안 줄곧 주위로부터 박해를 받았다. 그 이유는 유대인이 탁월하게 사업성이 뛰어나 마치 좌우에 날선 검을 가진 것과 같았기 때문이다.

어느 곳에서든 유대인에게 행해진 집단 폭행은 그들의 경제적 지위를 박탈키 위해서였다. 과거의 어느 정권이건 반유대책은 유대인의 재산을 몰수하는 데서 시작되었다. 그래서 그들은 그 땅에서 다시 하거나 신 개척지로 가서 새 출발하고 거기서 성공하면 또 박해를 받는 식으로 순환적인 운명을 되풀이했다. 이같이 그 나라의 정부가 앞장선 유대인 박해는 감정적 대립이 아니라 공식적인 것이었다.

오늘날 이스라엘에 가해지는 최대의 무기의 하나는 경제봉쇄이다. 아랍 제국들은 군사적으로는 이스라엘을 능가할 수 없으므로 경제봉쇄 위원회를 설치하고 이스라엘과의 모든 거래를 끊어 놓았던 것이다.

지금은 이스라엘도 자주 국가이다. 그러나 지난날에는 이제와 같은 나라가 없었다. 중세 유대인의 가장 강한 무기는 무엇이었을까?

첫째로 나라도 무기도 없었으나 끈기만은 유달랐다. 하나의 사업이 소멸되면 곧 다른 것을 찾았다. 경영하던 은행(여기서 은행이란 개인 대금소)이 몰수당하면 그 가족은 딴 곳에서 새로운 은행을 시작했다.

둘째로는 불굴의 투혼이다. 이는 살아야 한다는 본능에서 나온 것으로 유대인은 절대 단념치 않으며 흔들리지 않고 굽히지도 않는 정신으로 칠전팔기를 이룩했다.

셋째는 자신감이다. 이는 자기의 재능에 대한 믿음이다. 자기들의 사업이 망해도 다시 일으킬 수 있다는 자신이다. 이런 정신은 후에 유대인들이 미국에 이민했을 때 발휘되어 아무도 보지 않던 분야를 그들이 열어 놓았다.

넷째는 그들의 높은 교육열이다. 사업을 하려면 교육열이 높아야 하며, 지능도 필요하다. 중세 유럽에서는 대개 지식수준이 낮았지만 유대인은 문맹자가 없었다.

유대인은 조국애와 도덕심으로 사업을 한다. 사업을 하면서도 꼭 '기드시 하셈'을 추구했다. 그것은 '이름을 거룩히 한다'는 의미인데 유대인은 그의 평판을 유지하는 일이나 그의 명예를 부끄럽게 하지 않음을 가리킨다.

어렸을 때 어머니가 "1전을 훔친 것이나 100원을 훔친 것이나 도둑질은 마찬가지니라" 하며 입을 열고 들려 준 할아버지 얘기를 분명히 기억한다.

한 노인이 폴란드에서 모자가게를 했다. 할아버지는 무척 꼼꼼하셨다. 그는 언제나 정당한 거래만을 했다. 그것은 하나님에게 옳은 일을 함과 같다고 생각했기 때문이다.

또 다른 할아버지는 양복점을 경영하였다. 그 할아버지는 손님이 잘못 왔나 걱정되어 "틀림없이 저희 가게를 찾으신 겁니까? 혹 건너편이 아닌지요?"라고 확인하곤 했다. 형편이 그리 넉넉지 못했으므로 할머니는 "새 손님이 오면 그저 두 말 말고 '이제부터는 우리 가게의 단골손님이 되어 주십시오'하면 좋을 텐데"라고 불평했다. 그럴 때마다 할아버지는 정색을 하고 "우리 집만이 아니라 건너편의 양복점도 먹고살아야 한단 말이야." 하면서 이렇게 말했다.

"남자가 태어날 때에 하나님께서는 그 사람이 평생 얼마만큼의 일을 할 것인가를 미리 정해 놓으셨어. 그러므로 일을 너무 많이 하면 정해 놓은 일이 빨리 끝나고 그만큼 빨리 죽는 거야"

그 덕분인지 아닌지는 모르지만 그는 장수하였다.

18
여자 고객을 노려라

'유대 상술에 상품은 두 가지밖에 없다. 그것은 여자의 입이다.'

한 사람은 20년 가까이 무역업을 하면서 유대인으로부터 몇 번이나 이 말을 들었다고 했다.

유대인의 말에 이것은 유대 상술 4천 년의 공리라는 것이다. 「공리이기 때문에 증명은 불필요하다」고 말한다.

증명을 대신해서 약간의 설명을 붙인다면 다음과 같다.

유대인의 역사는 구약성서 이래 2000년까지는 5760년이 된다. 유대인의 달력에는 2000년 대신에 5760년이라고 씌어 있다. 그 유대 5700여 년의 역사가 가르치는 바에 의하면 남자는 일을 하여 돈을 벌고 여자는 남자가 벌어 온 돈으로 생활을 해야 한다는 것이다.

상술이란 남의 돈을 끌어내는 것이므로 동서고금을 막론하고 「돈을 벌려면 여자를 노려 돈을 벌어라」고 했다. 이것이 유대상술의 핵심이다. 「여자를 노려라」라는 말은 유대 상술의 금언이기도 하다.

자기가 남보다 뛰어나다고 생각하는 사람은 여자를 노려 장사하면 꼭 성공한다. 거짓말이라고 생각된다면 시험 삼아 한 번 실천해 보라. 반드시 돈을 벌 수 있다.

남자를 상대로 장사해서 돈을 벌려면 여자를 상대로 하는 것보다 10배

이상 어렵다. 왜냐하면 원래 남자는 돈을 가지고 있지 않기 때문이다. 더 분명히 말하면 남자는 돈을 소비하는 권한을 가지고 있지 않기 때문이다. 사실이다. 돈을 가진 여자를 상대로 하여 돈을 버는 장사가 쉽다.

다이아몬드 · 드레스 · 반지 · 브로치 · 목걸이 등의 액세서리, 고급 핸드백 이런 상품들은 어느 것이나 넘쳐흐를 정도의 이윤을 달고는 고객을 기다리고 있다. 장사꾼으로서 이것을 피해서 지나칠 수는 없다. 덤벼들어 가방 가득히 이윤을 흠뻑 담아야 한다.

19
반드시 메모하라

유대인은 중요한 일은 어떤 장소에서든 반드시 메모를 한다. 이 메모가 그들의 판단의 정확도에 얼마나 기여하는지 모른다.

메모를 한다고 해서 언제나 유대인은 메모 첩을 한 손에 들고 다니는 것은 아니다. 유대인은 메모지로 빈 담뱃갑을 사용한다. 그들은 담배를 사면 알맹이는 곧 담배 케이스에 옮겨 넣고 빈 갑을 주머니에 넣어 둔다. 상담을 진행하다가 메모해 둘 필요가 있으면 그 빈 담뱃갑을 꺼내어 뒷면에 메모를 한다. 이 메모를 나중에 메모장에 옮겨 기록 정리한다.

빈 담뱃갑에 메모함으로써 유대인은 유대 상술에 애매한 일이 발생하는 것을 막는다. 신속하고 정확하게 판단을 내려도 가장 중요한 일시・금액・납기 등이 애매해서는 안 되기 때문이다.

우리나라 사람은 중요한 것도 소홀히 듣고 적당히 넘어가 버리는 나쁜 버릇이 있다.

"납품기일이 아마 ○월 ○일이지? 아니 ×일이었던 것 같기도 한데?"

이렇게 말하면서도 아무렇지도 않다는 태도다. 때로는 애매함을 능청스럽게 이용하기도 한다. 그러나 상대가 유대인인 경우는 이러한 얼렁뚱땅은 통용되지 않는다.

"아! 잘못 생각하고 있었습니다. ×일이었지요. 나는 ○일로만 생각하고 있었습니다…."

이렇게 변명해 봤자 이미 때는 늦다. 계약파기, 채무 불이행에 관한 손해배상 청구, 이런 방향으로 사태가 진전될 수도 있다.

유대인의 상술에는 애매함이란 없으며 착각도 있을 수 없다. 사소한 일이라도 귀찮게 생각지 말고 꼭 메모해 두어야 한다.

20
잊을 것은 빨리 단념하라

유대인은 상대방의 마음이 변할 때까지 끈기 있게 참는 반면에 수지타산이 맞지 않는다는 것을 알면 3년은 고사하고 반년도 참지 않고 단념한다.

유대인이 어떤 장사에 자금과 노동력을 투입하기로 결심하면 그는 1개월 후, 2개월 후, 3개월 후의 세 가지 청사진을 준비한다.

1개월이 지나 그 청사진과 현실의 실적 사이에 적지 않은 거리가 있어도 불안한 표정이나 동요는 전혀 보이지 않는다. 그들은 더욱 더 자금과 노동력을 쏟는다.

2개월이 지났는데도 역시 전과 같이 청사진과 실적 사이에 거리가 있어도 유대인은 한 층 보강된 투자를 아끼지 않는다.

문제는 3개월째의 실적이다. 여기서도 청사진대로 일이 진행되지 않았을 때는 장래 그 장사가 호전될 전망이 서지 않는 한, 더 미련을 두지 않고 단념한다. 단념한다는 것은 그 때까지 투입한 자금과 인적 노력을 포기한다는 것을 뜻하는데 설사 그래도 유대인은 태연하다. 손을 뗐기 때문에 골치 덩어리인 일이 없어졌다고 오히려 시원한 표정을 짓는다.

유대인은 최악을 생각하여 3개월 동안 투입할 자산을 미리 계산한다. 그 허용 한도 내의 예산으로 승부를 겨뤘기 때문에 실패해도 후회 않는다.

21

세금 낼 것만큼 더 벌라

유대인이 리히텐시타인의 국적을 사고 싶어 하는 이유는 세금이 싸기 때문이다. 남달리 애쓰면서 돈을 벌고 있는 유대인에게 세금은 무시할 수 없는 존재이다.

유대인은 세금을 속이지 않는다. 세금은 국가와의 계약에 의한 것이기 때문이다. 계약은 무슨 일이 있어도 지키는 유대인에게 있어 탈세는 나라에 대한 계약 위반이 된다. 동양 상인들은 흔히 회계전문가를 고용하여 세금을 속이지만 유대인은 그런 짓은 절대 하지 않는다.

박해 속에서 살아온 유대인은 세금을 납부하겠다는 약속으로 그 나라 국적을 부여받았다고 생각한다. 그들은 세금에 대해서는 엄격하다. 그렇지만 무턱대고 세금을 뺏기지도 않는다. 세금을 내서라도 타산이 맞는 장사를 한다. 즉 이익계산을 할 때 세금을 미리 떼어놓고 이익을 따져 그것으로 장사를 한다. 「50만 원의 이익이 있었다.」

이런 경우 우리의 이익에는 세금이 포함되어 있다. 그런데 유대인이 말하는 이익은 세금을 제한 이익인 것이다. 「이 거래에서 나는 10만 달러의 이익을 갖고 싶다」고 유대인이 말할 때 그 10만 달러에는 세금이 포함되어 있지 않다. 세금의 이익이 50%라 가정하면 그 거래에서 유대인은 20만 달러의 이익을 노리는 것이다.

22
적당히 해보려는 것은 어리석은 짓

해외여행 갔던 사람이 가끔 외국에서 산 다이아몬드를 몰래 들여오다가 세관에 걸리는 경우가 있는데 왜 수입세를 지불하고 정당하게 들여오지 않는지 이해할 수가 없다. 다이아몬드의 수입세는 고작 7%에 지나지 않는다. 다이아몬드를 살 때 7%를 에누리하면 수입세 7%를 지불해도 충분히 타산을 맞출 수 있지 않은가. 대개는 이런 간단한 계산조차도 제대로 못하는 것 같다. 우리 세법은 헌법 위반이 아닌지 모르겠다. 누구나 법 앞에서는 평등해야 함에도 불구하고 일방적으로 누진과세를 하는 것은 헌법 위반이라고 생각하는 것이 잘못된 것일까.

수입이 많다는 것은 그만큼 머리를 쓰고 육체적으로 활동하며 남의 몇 배나 노력하고 있다는 증거다. 여기에 누진과세를 한다는 것은 아무리 생각해도 납득되지 않는다. 외국의 사장은 그 회사 샐러리맨 평균 월급의 50배가 표준이다. 평균 급여액이 100만 원이라면 사장의 급료는 5천만 원이 된다. 사장은 누진과세 때문에 밥 먹을 수 있는 돈만 있으면 된다고 생각한다. 많은 급료를 받아봤자 태반은 세금으로 들어갈 것이라 생각하니 월급 많이 받겠다는 생각이 없어진다. 사실은 많은 급료를 받고 싶으나 리히텐시타인의 국적을 얻을 때까지는 누진과세를 견딜 도리밖에 별 수가 없다고 생각한다. 이건 슬픈 일이다.

23

불의의 손님은 도둑으로 알라

내가 아는 사람 중에 어느 유명한 백화점의 젊은 유능한 선전부원이 있다. 그는 전에 시장 조사와 시찰 여행을 겸하여 뉴욕에 들른 일이 있는데 유대인이 경영하는 한 백화점을 찾았다. 접수계에 선전부 주임을 면회하고 싶다고 요청하자 접수계 아가씨는 상냥하게 웃으면서 되묻는 것이었다.

"약속 시간은 몇 시입니까?"

그는 어리둥절하여 눈을 끔벅거리다가 자기는 일본의 백화점 직원인데 뉴욕에 견학하러 왔다는 사실을 말하고 이곳 선전부 주임을 뵙고 좋은 말을 듣고 싶으니 만나게 해달라고 요청했다.

"미안합니다만……."

그는 보기 좋게 문간에서 쫓겨나고 말았다.

이 선전부원의 촌음을 아낀 자발적인 동업자 방문은 크게 칭찬을 받을 만한 일이다.

예고도 없이 면회를 신청하는 일은 비상식적인 것이라고 생각하지 않을 수 없다. 하지만 틀림없이 '요새 젊은 사람치고는 일에 매우 열의가 있는 훌륭한 사람'이라고 칭찬은 할망정 몰상식하다고 비난하지는 않을 것이다.

유대인은 「시간을 훔치지 말라」는 격언을 모토로 삼고 있다. 사전에 약속이 없는 불의의 방문은 절대 응하지 않는다는 것이 그들의 신조다.

"잠깐 이 근처에 들린 김에……."

"가끔 얼굴이라도 내밀지 않으면 미안해서……."

이런 핑계로 용건도 없이 불쑥 찾아오는 손님을 유대인은 귀찮기 한없는 방해물로 생각한다.

유대상술에서는 「불의의 손님은 도둑으로 알라」고 했다.

24
약속시간을 정확히 얻어라

상담에 없어선 안 될 것은 「몇 월 며칠 몇 시부터 몇 분간」이라는 면회시간 약속이다.

면회시간이 30분에서 10분으로 단축됐을 때는 상대가 30분을 소비할 가치가 없고 한 10분 정도에 알맞은 용건을 가져온 것으로 생각하고 있다고 알면 된다.

10분간이라면 그래도 긴 편이다. 유대 상인은 예사로 면회 사간을 5분 또는 1분으로 지정해 오기도 한다. 그런데다 약속시간에 늦거나 약속시간이 오버되는 것도 용납하지 않는다. 상대의 사무실에 들어가면 인사말은 한 마디로 끝내고 곧바로 상담으로 들어가는 것이 에티켓이다.

"헬로, 굿모닝! 참 좋은 날씨입니다. 완전히 가을 날씨가 되어 좋아졌습니다. 가을이 되면 시골 생각이 납니다. 그런데 당신의 고향은? 하하 ××입니까? 이것 참 이상한 인연입니다. 거기에는 제 형님의 며느리의 동생이 살고 있는데……."

이래서 아무리 형님의 며느리의 동생이 상대와 동향이라 해도 일은 틀려 버린다. 유대상인의 말에 "상담이란 급행열차가 서로 엇갈리는 순간을 이용하여 만나는 것과 같다"라고 한다. 서로 1분 1초를 다투는 급한 길이라는 것을 잊을 정도라면 유대인의 상대가 될 수 없다.

25
박리다매는 바보 상술

우리는 대개 박리다매의 상술을 많이 쓴다. 「박리다매」로 꼬박꼬박 끈기 있게 버는 것이 옳다고 생각하기 때문이다.

그런데 유대인에게는 박리다매라는 것은 이해되지 않는다.

'많이 팔아 박리를 얻다니 그게 무슨 말인가. 많이 판다면 많이 벌어야 한다.'

유대인은 반드시 또 이렇게 말한다.

'많이 팔아 박리라니 그런 상인은 바보가 아닌가. 바보가 틀림이 없어.'

동업자끼리 박리다매의 경쟁을 해서 쌍방이 모두 쓰러진 예는 얼마든지 있다. 다른 가게보다 조금이라도 많이 팔겠다는 기분은 알 수 있으나 조금이라도 싸게 팔겠다는 생각에 앞서 왜 조금이라도 후리를 얻어야겠다고 생각하지 않는 것일까.

메이커나 상사는 이익이 줄어들면 언제 넘어질지도 모르는 위험에 처해 있는 것과 같은데 그 위에 박리 경쟁으로 서로의 목에 줄을 걸고 「시작」이라는 신호를 기다려 서로 잡아당긴다는 것은 바보스럽기 이를 데 없는 상술이다.

박리다매 경쟁이란 「죽음의 경쟁」은 권력을 휘둘러 상인들을 탄압하여 싸구려로 팔게 하려 했던 정치적 유물이 아니었을까.

26

식사 때 사업 이야기는 금물

유대인은 잡학 박사이다. 충분하게 시간을 보내며 식사를 즐기면서 풍부한 잡학을 구사하고 온갖 일들을 화제에 올리며 식사를 즐긴다. 가족 이야기, 레저 이야기, 꽃 이야기 등등 차례대로 수많은 화제가 등장한다.

그러나 모든 것은 화제로 올리면서도 역시 터부가 있다. 유대인은 음담은 거의 하지 않으니까 역시 터부라고 할 만한 것이 못되나 전쟁과 종교와 사업에 관한 이야기는 절대로 해서는 안 된다는 묵시적인 규율이 있다.

온 세계를 전전하면서 쫓겨 온 유대인으로서 전쟁에 관한 이야기는 식사의 분위기를 망친다.

종교의 이야기도 이교도와 대립하기 쉽다. 태평양전쟁에서 3백만 명의 일본인과 50만 명의 미군들이 죽었다. 그로부터 50년이 지났으니 이제는 그 일에 대해서 아무도 무엇이라고 말하지 않는다.

사업에 관한 이야기도 이해의 대립을 초래하게 되므로 불유쾌하게 된다.

그래서 유대인은 식사의 즐거움을 깰 우려가 있는 화제는 결코 가까이 하려 하지 않는다.

27
짐작으로 상대를 신용하지 말라

세계 각국의 유대 상인 중 유대 상인의 소개로 찾아온다고 해서 반드시 그가 유대 상인이라고 할 수는 없다. 오히려 상인이 아닌 유대인의 경우가 더 많다고 볼 수 있다. 그러나 상인이 아니더라도 유대인은 모두 유대 상술의 기초는 마스터하고 있다.

유대 상인의 소개로 유대인 화가가 찾아오자 그 화가를 카페로 데리고 갔다.

그 유대인 화가는 스케치북을 꺼내더니 떠들썩하게 둘러앉은 호스티스 중에서 한 사람을 데생하기 시작했다. 이윽고 완성하여 보여준 그림은 정말 잘 그려졌다.

"정말 잘 그렸습니다."

하고 칭찬을 했더니 화가는 마주앉은 자리에서 다시 스케치북에 연필을 놀리기 시작했다. 때때로 그 쪽으로 왼손을 내밀어 엄지손가락을 세워 보이곤 했다. 그 위치에서는 그가 그리고 있는 그림이 보이지 않았지만 아마 자기를 모델로 그리고 있는 것으로 생각했다.

'그렇다면 그가 그리기 쉽게 해야지.'

그는 약간 옆얼굴을 보이는 포즈를 취하고 약 10분쯤 있었다.

'자, 됐다'며 연필을 놓았다.

그런데 그가 보여준 스케치북에는 그 자신의 엄지손가락이 그려져 있었던 것이다.

"일부러 포즈까지 취해 주었는데 나쁜 인간!"

하고 투덜거렸다. 화가는 화난 그를 보고 유쾌하게 웃으며 말했다.

"당신은 너무 유명한 분이라 잠깐 시험해 본 것뿐이야. 그러나 당신은 내가 무슨 그림을 그리는지 확인해 보지도 않고 자기가 그려지고 있다고 짐작하고 포즈까지 취해 주었어. 하하하, 그 선의는 어떻든 그래 가지곤 유대인을 알자면 아직도 멀었어."

그는 화가가 호스티스를 그려 보였기에 반드시 다음엔 자기를 그릴 것이라고 지레 짐작했던 것이다.

그러고 보면 한 번 상거래가 잘 됐던 상대라도 유대인은 다음 상거래 때는 새로 거래를 개시하는 상대 이상으로 결코 신용하려 들지 않는다.

거래의 상대는 그때 다시 처음 거래와 같은 것이다.

두 번째니까 첫 번째처럼 잘 될 것이라고 짐작하여 상대를 신용한다면 아직도 유대 상술에 합격했다고 할 수는 없을 것이다.

우리는 어떤가?

28
정치가를 이용하라

로스차일드가의 시조인 유대인 메이어 암셀 로스차일드는 유럽의 동란 시대에 유럽에서 손꼽히는 금융 자본가의 지위를 굳혔다.

그는 나폴레옹 전쟁시대에 프랑스군의 최고 사령관을 매수하는 한편 영국의 웰링턴장군에게도 군자금을 대주고 있었다.

물론 높은 이자를 붙였다.

그 후로도 로스차일드가는 나폴레옹, 메테르니히, 비스마르크 등 유럽의 전재 영웅들을 이용하거나 때로는 그들에게 이용당하면서 그때마다 번영에의 길을 끊임없이 걸어 왔다.

돈벌이에는 정치가나 이데올로그는 아무 상관도 없다. 극단적으로 말하면 이용할 수 있으면 이용만 하면 된다.

이용해서 흑자만 생긴다면 애써 이용할 일이다.

29
돈이 있어도 뽐내지 말라

일본은 GNP 세계 2위라고 하면서 거만을 떨지만 정말은 가난한 나라이다. 석유자원을 가지고 있는 것도 아니어서 일단 일이 벌어지면 모든 것이 끝장나고 만다.

외국인들에 비해 경제적으로만 보이는 것도 일본은 나라가 가난하기 때문이다.

그런데도 우리나라 사람처럼 약간 돈이 들어오면 큰 소리를 친다. 카페에 가서 「사장」이라고 불리면 싱글벙글 좋아한다.

어느 도시든 생선 구이집이나 삼계탕 집 등에서 손님을 부를 때 반드시 「사장님」이라고 한다. 그러면 손님이 좋아한다. 세상에 자칭 사장은 쓸어버릴 정도로 득실거리고 있다.

사장이라고 불리면 우쭐해지거나 돈이 있다 해서 큰소리치면 안 된다. 이유는 그런 사람은 유대인이 눈독을 들이게 되고 얼마 안 가서 모조리 먹혀 버리기 때문이다.

30

아이는 세 살부터 가르쳐라

나라를 잃고 뿔뿔이 흩어진 유대인들이 2천년에 걸쳐서 온갖 박해를 견디며 살 수 있었던 최대무기 중 하나는 교육이다.

유대인은 교육을 가장 중히 여긴다. 교육은 글자를 쓰게 하고 책을 읽을 수 있게 하는 것 외에 두뇌의 활동을 명석하게 해 주어야 한다.

영국의 철학자 시 피 스노우는 말하기를 "유대인은 타고 나기를 머리가 우수하므로 지능이 높다고 하지만 나는 그의 말을 믿지 않는다."고 했다.

유대인은 아이 적부터 교육이라는 문화에 둘러싸여 자랐기 때문에 다른 나라 사람과 다른 것이다.

아이가 세 살이 되면 「토라」와 「탈무드」 공부를 시작한다.

아이에게 처음으로 「탈무드」를 읽힐 때 부모는 반드시 꿀물 한 방울을 책장에 떨어뜨리고 아이에게 입을 맞추게 하여 「탈무드」에 애착을 갖도록 한다.

이것은 공부가 사람에게 매우 친근한 것임을 가르치는 방법이다.

제 2 장

돈벌이에는 이데올로그가 없다

유대인의 경제 의식

만일 계약을 지키지 않는 유대인이 있다면 그는 유대 사회에서 매장되고 만다. 유대인이 유대 사회에서 매장된다는 것은 유대상인으로서 사형선고를 받는 것이나 다름없고, 두 번 다시 상인으로 되살아난다는 것은 용납되지 않는다. 그러한 계율이 있기 때문에 유대인은 약속한 것은 무슨 일이 있어도 지킨다. 유대인 이외의 이방인과 거래할 때 극히 엄격한 조건을 내세우는 것은 이 때문이다.

사업이나 상거래에 있어서 같은 유대인이면 피는 물보다 진하다고 해서 신용하는 상인도, 일이 금전문제가 되면 더욱더 엄하게 된다. 같은 유대인 사이에 있어선 말할 것도 없고 자기 처까지도 신용하지 않는다.

31
먹기 위해 일하라

"사는 목적이 무엇이라고 생각하느냐?"고 유대인에게 물으면 극히 간단한 대답이 엉뚱하게 나온다.

'돈을 벌기 위해서'라고 대답할 것이라고 생각하면 착각이다. 유대인은 돈을 벌어 쌓아 둔다는 것이 아니라 '사는 목적은 맛있는 것들을 마음껏 먹는 것'이라고 반드시 대답한다.

"인간은 무엇 때문에 일하느냐?"고 거듭 물으면 유대인은 이렇게 대답한다.

"인간은 먹기 위해 일하고 일하기 위한 에너지를 얻기 위해 먹는 것은 아니다."

그러나 같은 질문을 일반 샐러리맨들에게 해보면, 아마 정반대의 대답이 나올 것이다. 대개는 일하기 위해 먹는다고 생각하기 때문이다.

먹기 위해 일한다고 대답할 만큼, 유대인이 가장 원하는 즐거움은 신사복을 입고 최고급 레스토랑에서 호사스러운 식사를 즐기는 일이다. 타인에 대한 최고의 호의의 표현에도 호사스러운 식사에 초대하는 것이다.

초대 장소는 자택일 수도 있고 레스토랑일 수도 있으나 만찬에의 초대는 유대인으로서 상대방에게 나타나는 최고의 접대인 것이다.

호사스러운 만찬은 유대인의 즐거움인 동시에 유대인의 돈에 대한 위력의 상징이기도 하다. 유대인은 약 2천 년간에 걸쳐 박해를 받으며 살아왔다. 그러나 그들은 유대교에 있어서의 선민이라는 자부심을 가슴 깊이 간직해 오면서, 언젠가는 자기들 앞에 이교도를 무릎 꿇게 하고야 말겠다고 맹세해 왔던 것이다.

그 때문에 유대인이 무기로 손에 잡은 것은 기독교도로부터 내던져진 천한 직업인 금융업과 상업이다. 그러나 이제 유대인은 금력으로써 이교도 위에 군림하고 있다. 유대인에게 있어서는 그들의 금력을 과시하는 절호의 기회가 사치스러운 만찬인 것이다.

유대인은 두 시간 가량의 시간을 천천히 즐기며 만찬을 즐긴다. 먹는 일이야말로 인생의 목적이므로 5분이나 10분에 인생의 목적을 입에다 털어 넣는 일은 절대로 하지 않는다.

유대인의 행복이란 인생의 목적인 사치스러운 만찬을 충분하게 취하는 데에 있다. 유대인은, 그 행복을 즐기기 위해 어떤 수단이나 방법을 쓰더라도 돈을 벌어들이는 것이다.

동양에는 "조침(早寢), 조기(早起), 조반(早飯), 조변(早便)은 서 푼의 득(得)"이라는 속담이 있는데, 겨우 서 푼을 벌기 위해 조반, 조변을 하지 않으면 안 된다니 이 무슨 망발인가?

이 속담이야말로 일본인의 빈곤을 단적으로 나타낸 말이며 유대인이 싫어하는 속담이다.

32
돈 많은 사람, 돈 없는 사람

유대인은 앞에서와 같은 인생관을 가지고 있기 때문에 가치관의 기준을 전부 돈에 둔다.

유대인이 말하는 훌륭한 사람이란 사치스러운 만찬을 밤마다 즐길 수 있는 사람이며, 매일 밤 호화스러운 저녁식사를 하는 사람이 존경받는 것이다. 유대인에게 있어서는 청빈(淸貧)을 달게 받는 학자 같은 사람은 훌륭한 사람도 아니며 존경받을 사람도 아니다. 학문이나 지식이 제아무리 뛰어나다 해도 가난하면 경멸받기 쉽다.

이 세상에서 돈을 많이 가지고서 그것을 마음대로 쓸 수 있는 사람이 훌륭한 사람이라는 유대인의 독특한 가치관은 유대인에게 돈에 대한 집념을 맹렬히 불러일으킨다.

유대인의 돈에 대한 집념을 비유한 이런 이야기가 있다.

어떤 유대인 부자가 임종을 맞이할 때 집안사람들을 불러 놓고 이렇게 말했다.

"내 재산을 전부 현금으로 바꿔라. 그리고 그것으로 가장 비싼 모포와 침대를 준비하여라. 남은 현금은 머리맡에 쌓아두었다가 내가 죽거든 관 속에 넣어라. 모두 저 세상으로 가지고 가겠다."

집안 식구들은 그 말대로 모포와 침대와 현금을 준비했다. 부자는 호화로운 침대에 누워서 보드라운 모포를 감고 머리맡에 쌓인 현금 뭉치를 만족스럽게 바라보면서 숨을 거두었다.

그리고 막대한 현금은 그의 유언대로 시체와 함께 관속에 넣어졌다. 바로 그때 그의 친구가 달려왔다. 친구는 집안 식구들로부터 전 재산을 유언에 따라 현금으로 해서 관에 넣었다는 이야기를 듣자, 주머니에서 수표책을 꺼내 금액을 적고 사인을 한 다음 관속에 넣고, 그 대신 현금을 전부 꺼내고 나서는 죽은 시체의 어깨를 툭 쳤다.

"현금과 같은 액수의 수표이니 자네도 만족할 것이네."

33
아버지도 남이다

시카고의 데이비드 샤피로 씨의 집에서 일이다. 샤피로 씨는 유대인으로서 고급 구두 메이커의 사장이다.

샤피로 씨의 저택은 3만 평방미터의 넓은 집이었고, 잔디를 깐 정원에는 풀장도 있었다. 그 대지 끝에 인접하여 크림색의 그의 제화공장 세 채가 나란히 세워져 있었다.

한 사람이 그 날 샤피로 씨로부터 그의 집에서 있을 만찬에 초대를 받았다. 샤피로 씨는 곧 50번째 생일을 맞는다며 정력적인 몸집을 부딪치듯이 가까이하면서 제화 직공을 지낸 뻣뻣한 손으로 악수를 청하고 손님을 영접했다. 그는 처음에 제화공장으로 안내했다.

두 번째의 제화 검사 공장에 갔을 때였다. 샤피로 씨는 반제품 구두의 밑창을 검사하고 있던 청년의 어깨를 두드리면서 말을 걸었다.

"이봐, 조!"

"오! 디브." 청년은 뒤돌아보고 벙긋 웃으며 대꾸했다.

손님은 놀랐다. 청년이 사장인 샤피로 씨를 '디브'라는 애칭으로 불렀기 때문이다. 놀라고 있는 그에게 샤피로 씨는 청년을 소개해 주었다.

"나의 장남 조셉입니다."

손님은 조셉과 악수하면서도 복잡한 심정이었다. 자기 아들에게 이름을 막 불리면서도 아무렇지도 않은 샤피로 씨의 마음을 이해할 수가 없었던 것이다.

그러나 그 의문은 한 시간도 못 되어 풀렸다. 샤피로 씨가 유대식 자녀 교육법을 세 살밖에 안 된 둘째 아들인 토미를 상대로 보여주었기 때문이다.

토미는 그때 열한 살 된 장녀 캐시 양과 커다란 '맨틀 피스'(mantle piece)가 있는 응접실에서 뛰어다니며 놀고 있었다. 샤피로 씨는 요란스럽게 뛰놀고 있는 토미를 번쩍 안아 올려 맨틀 피스 위에 세우고 손을 내밀었다.

"토미, 자 파파한테 뛰어내려 봐."

토미는 아빠가 같이 놀아주는 것이 기뻐, 활짝 웃는 얼굴을 하면서 샤피로 씨의 팔로 뛰어 내렸다. 그런데 토미가 뛰어내리는 순간, 샤피로 씨는 살짝 팔을 거두어 들였다. 토미는 방바닥에 쿵하고 떨어져 큰소리로 울음을 터뜨리고 말았다.

손님은 크게 놀라면서 사피로 씨를 바라보았다. 사피로 씨는 싱글벙글하면서 토미를 바라보고만 있었다.

토미는 맞은편 소파에 앉아 있는 엄마 페트리샤 여사한테로 울면서 뛰어갔다. 그런데 엄마도 생글생글 웃으면서, "오! 짓궂은 파파" 하고 토미를 놀리는 듯 바라보고 있을 뿐이었다. 샤피로 씨는, 놀란 표정으로 이 광경을 바라보고 있는 손님 옆에 앉으면서 정색을 하고,

"이것이 유대인의 교육방법입니다. 토미는 맨틀 피스에서 혼자 뛰어 내릴 힘이 있습니다. 그런데도 내 말에 끌리어 뛰어내렸습니다. 그래서 나는 일부러 손을 거두어 버린 것입니다. 이것을 두 번, 세 번 거듭하는 동안에 토미는 아버지라 하더라도 믿어서는 안 된다는 것을 자각하게 될 것입니다. 아버지일지라도 맹신(盲信)해서는 안 된다, 어디까지나 믿을 수 있는

것은 나 자신뿐이라는 것을 지금부터 가르치는 것입니다."라고 말했다.

사피로 씨의 장남이 아버지의 이름을 막 불렀던 까닭을 알게 되었다. 장남인 조셉은 사피로의 집에서는 한 사람의 완성된 인간으로서 인정되었던 것이다. 성인으로 인정되면 그에게는 아버지와 똑같은 인권이 주어지게 되는 것이다.

아버지가 부자인데도 조셉이 공장에서 일하는 것은 그가 한 성인으로서 일을 해야 되기 때문이었다.

34
돈 쓰는 법은 어릴 때부터 가르쳐야 한다

샤피로 씨는 이어 자녀에게 주는 용돈에 대해서도 이야기해 주었다.

"정원의 풀베기를 도우면 10달러, 아침 우유를 나르면 1달러, 신문을 사오면 2달러라는 식으로 일의 분량에 따라 금액을 정하여 줍니다. 어느 아이가 하든, 금액에는 차이가 없습니다.

동일노동 동일 임금제이니까요."

샤피로 씨는 이렇게 말하면서 웃었다. 다시 말해서 샤피로 씨 집안의 용돈은 월급도 아니고 주급도 아니며, 또 연장자라고 동생보다 많게 정해져 있지도 않았다. 완전한 능력제이며 비례제 수당이었다.

우리는 대개가 장남이 월 3천 엔이면 그 다음은 2천 엔, 셋째는 1천 엔, 하는 식으로 연공서열(年功序列)로 용돈의 금액도 달라지기 마련이다.

서구(西歐)의 노동자나 비즈니스맨이 능력·능률제에 철저하여, 같은 일이면 20세의 청년이건 40세의 장년이건 같은 임금을 받는 것이 당연하다고 생각하는데 대하여, 우리 노동자나 비즈니스맨은 연공 서열제도에 집착하여 능력·능률제로 바꾸려 하지 않는 것은 어릴 때부터의 금전교육, 노동교육의 차이에서 오는 것이라고 말할 수 있다.

그후 여러 차례 유대인의 가정을 방문했는데, 그들은 유대 상술을 유아교육의 단계에서부터 가르치고 있었다.

우리는 어린이의 음감 교육(音感教育)이라고 해서 악보도 제대로 읽지 못하는 어린이에게 무리하게 피아노 교육을 강요하는 부모들이 많은데, 그건 한 푼 어치도 되지 않는 교육이다.

그 대신 금전 교육을 하는 편이 장래에 보다 편하게 살 수 있는 지혜를 가르치는 것이 될 것이다.

35
마누라도 믿어서는 안 된다

유대인은 사업을 하는 경우, 피는 물보다 진하다고 해서 유대인밖에 신용하지 않는다.

"유대인은 계산서가 있건 없건 한 번 입에 올린 것은 지키니까 신용할 수 있으나 이방인은 계약을 중요시하지 않아서 신용하지 않아요."라는 것이 유대인의 사고방식이다.

만일 계약을 지키지 않는 유대인이 있다면 그는 유대 사회에서 매장되고 만다. 유대인이 유대 사회에서 매장된다는 것은 유대상인으로서 사형선고를 받는 것이나 다름없고, 두 번 다시 상인으로 되살아난다는 것은 용납되지 않는다. 그러한 계율이 있기 때문에 유대인은 약속한 것은 무슨 일이 있어도 지킨다. 유대인 이외의 이방인과 거래할 때 극히 엄격한 조건을 내세우는 것은 이 때문이다.

사업이나 상거래에 있어서 같은 유대인이면 피는 물보다 진하다고 해서 신용하는 상인도, 일이 금전문제가 되면 더욱더 엄하게 된다. 같은 유대인 사이에선 말할 것도 없고 자기 처까지도 신용하지 않는다.

시카고에 있는 유대인 N변호사는 엄숙한 표정으로 이렇게 말한 적이 있다.

"아내를 가지면, 그녀는 반드시 내 재산을 노리게 됩니다. 혹시 나를 죽이고서라도 재산을 손에 넣으려고 계획을 세울지도 모릅니다. 나는 생명이나 재산을 희생하면서까지 결혼하겠다고 생각지 않습니다."

N씨의 월수입은 50만 달러나 되어 N씨는 한 달만 일하면 두 달은 놀 수 있는 여유 있는 생활을 즐기고 있다. 한 척에 6만 달러나 하는 요트를 여섯 척이나 가지고 있으며, 아름다운 걸프렌드들을 수명씩 데리고 세계의 바다를 제멋대로 돌아다닌다.

그런 N씨로서는 근면한 동양인을 놀려대는 일이 무척 즐거운 모양으로 어느 때는 카리브 해 근처의 휴양지로부터 밤낮을 가리지 않고 젊은 여자의 교성(嬌聲)이 섞인 소리를 한다.

이렇게 놀 때는 돈을 물 쓰듯이 낭비하는 N씨도, 일할 때에는 딴 사람같이 1달러, 1센트도 아까워한다. N씨가 사업상 일본에 왔을 때, 나는 그의 상담하는 방식을 보고 "좀더 거창하게 하는 것이 좋을 텐데……"하고 얼마나 조마조마했는지 모른다. 그렇게 해서 품속에 넣은 돈을 쓸 때에는 공돈을 쓰는 것처럼 마구 써버린다.

그런 N씨를 보고 있노라면 "인간은 즐기기 위해 일하는 것이다. 쾌락이야말로 세상 삶의 최고 보람이다."라고 공언하여 마지않는 유대 상인의 늠름함이 느껴진다.

36
여자도 상품이다

N씨의 시카고 자택 바로 이웃에 '플레이보이' 잡지의 사장 휴 헤프너 씨의 소문난 플레이보이 관(館)이 있다. 미국에서 가장 인기 있는 사진 잡지의 사장 겸 편집인인 휴 헤프너씨도 또한 유대인이다. 그는 신문기자 출신이다.

기자시절에 그는 자기 급료가 부당하게 싸다고 판단하고 편집장에게 주급을 10달러로 인상해 줄 것을 요구했을 때 "뭐라고? 너 같은 놈에게 그런 돈을 줄 수 있나?" 하며 편집장은 일축해 버렸다.

그는 그 자리에서 사표를 내던지고 신문사를 나왔다. 그에게 남은 것은 신문기자 시절에 얻은 취재와 편집의 전문지식뿐이었다. 헤프너 씨는 돈을 긁어모아 글래머 컬러 누드를 접어 넣은 '플레이보이' 잡지를 발행했다. 이것이 양키 기질(氣質)에 적중했다. 직업을 잃은 신문기자는 순식간에 인기 잡지의 사장이 된 것이다.

'플레이보이'가 성공하자 헤프너씨는 시카고에서 플레이보이 클럽을 열고 토끼의 귀와 꼬리를 붙인 바니 걸로 손님을 끌었다. 플레이보이 클럽도 신선하고 성적 매력이 넘치는 바니 걸로 인해서 역시 대성공을 거두고 세계 각지마다 플레이 보이클럽의 지점이 속속 탄생했다.

현재 헤프너 씨는 플레이 보이관에서 20여 명의 처녀에게 둘러싸여 신나게 살고 있다고 한다.

그도 또한 독신이다. 생명과 재산을 걸고 마누라를 얻는 것보다는 미녀를 적당히 바꾸며 사는 것이 더 좋은가 보다.

헤프너 씨의 경우는 '여자'를 '상품'으로 취급하여 성공하고 있다. 잡지도 클럽도 모두 그가 독신이기 때문에 성공할 수 있었는지도 모른다.

37
납득될 때까지 물어라

우리는 외국 여행을 하면 안내인의 설명만 듣고 명승고적을 돌아보고 그것으로 만족하고 돌아온다. 이것은 다분히 초등학교와 중·고등학교 시절의 수학여행 버릇이 있기 때문이다. 결국 유치원생 같은 여행을 하고서도 좋아하는 것이다.

서구(西歐)를 돌아다닌다고 해도 영국인, 프랑스인, 미국인, 유대인 등을 한번 봐서는 구별하지 못한다. 얼굴도 구별하지 못하면서 그 나라의 국민생활을 이해한다는 것은 대단히 어렵다. 그저 주마간산 격으로 돌아보고 오자는 식이 되기 마련이다.

생선도 한 마리마다 생김새가 다르다고 한다. 이놈은 잘 생겼다든가, 이놈은 못 났다라든가 하는 것을 제대로 구별할 수 있어야 한다는 것이다. 유대인과 20여 년 교제를 하면 유대인을 한눈에 알아볼 수 있게 된다. 유대인에게는 독특한 날카로운 매부리코가 있다. 그 코로 구별할 수 있다.

백색 인종들을 제대로 구별하기 어렵듯이 백색 인종도 일본, 중국, 한국인을 구별하는 것이 어렵다고 한다. 대부분의 백색 인종은 동양인처럼 그것을 굳이 구별하려고 하지 않는다.

그러나 유대인만은 다르다. 그들은 명승고적에 대해서는 별다른 관심을 보이지 않지만, 타 인종, 타민족의 생활이나 심리, 역사에 대해서는 전문가 이상의 호기심을 가지고 그 민족의 뿌리까지 알아내려고 든다.

이러한 호기심은 오랫동안의 방랑과 박해의 역사로부터 온 타민족에 대한 경계심과 자기 방위 본능에 의한 슬픈 습성인지도 모르지만, 유대인의 호기심이 유대상술의 바탕이 되어 있다는 사실은 부정할 수 없다.

유대인이 사무실을 찾아와서

"자동차를 좀 빌려 주십시오."라고 하면.

"명승지를 돌아보시겠다면 안내해 드리지요."

하면 모두가 사양한다.

"괜찮습니다. 예비지식을 충분히 해 가지고 왔으니까요."

차를 빌려주면, 지도와 가이드북만을 가지고 출발한다.

유대인은 궁금한 것은 끝까지 묻는다.

"왜 젓가락을 사용합니까? 스푼이 먹기 편리할 텐데……. 젓가락은 선조가 가난한 생활을 하던 시대의 유물이 아닙니까?"

질문, 또 질문 —

유대인은 납득할 수 있을 때까지 질문의 화살을 멈추지 않는다. '질문은 순간의 수치(羞恥)'란 말은 해당되지 않는다. 이쪽이 애매한 지식밖에 가지고 있지 못하면 도리어 큰 망신을 당할 지경이다.

그들은 결코 완전하지 않으면 만족하지 않는다. 완전하지 않으면 납득하지 않는다는 유대인의 성격은 상거래에 있어서도 분명히 나타난다.

무엇이든 완전히 납득한 후에 비로소 거래를 튼다는 것이 유대 상술의 경제 철학이다.

38

적을 알아야 이길 수 있다

유대인이 질문 공세를 펴게 되면 동양인들의 불합리성이 나타난다. 그들은 그것을 따지고 든다. 풍속 · 전설 등등 유대인은 동양인의 생리를 이해하지 못하기 때문에 얼토당토않은 질문을 해서 골탕을 먹인다.

그들의 질문은 따지고 보면 인간은 합리적이고 쾌적한 생활을 보내야 한다는 그들의 인생철학으로부터 나온 것이다.

그러한 의미에서 도양인의 생활방식에는 개선할 점이 많다는 결론이다.

그들은 자세히 메모라도 해두듯이 여행한 나라, 민족의 풍속 · 습성을 8밀리 영사기에 영사하거나 슬라이드에 담아서 보관한다. 귀국하여 시간의 여유가 생기면 이러한 8밀리 필름을 틀어 놓고 즐기면서, 이국의 풍습을 가족에게 소개한다. 한국에 한 번도 온 일이 없는 유대 상인의 자제가 한국에 관해서 굉장히 자세하게 알고 있어 도리어 이쪽이 당황하게 되는 경우가 있다. 그들은 부모로부터 다녀온 나라에 관한 필름을 몇 번이고 보았기 때문이었다.

"적을 알고 자기를 알면 백전백승한다."는 말은 손자병법(孫子兵法)이다. 유대인은 손자병법마저 다 알고 있다.

39

휴식은 바로 돈이다

돈을 아끼지 않고 먹고 싶은 것을 실컷 먹으면 건강하게 된다. 이 건강이 유대상인의 최대의 밑천이다. 2천년 동안이나 박해를 받으면서도 유대인의 피가 끊이지 않았던 이유도 유대민족이 얼마나 건강을 중요시해 왔는가의 한 표현이라고 볼 수 있다.

이에 비하면 우리 샐러리맨은 만족하게 식사도 제대로 못하면서 계속되는 업무에 시달리고 있다. 점심은 국수로 가볍게 때우고 일주일 동안 열심히 일하고, 어쩌다 맞는 휴일에는 가족에게 시달린다.

유대인은 금요일 밤부터 토요일 저녁까지 금주·금연·금욕으로 모든 욕망을 끊고 휴식에 전념하면서 신에게 기도를 계속한다.

이날은 뉴욕의 자동차 운행량이 반감될 정도로 엄격하게 휴식의 계율을 지키고 있다.

하루 동안 충분히 휴식하고 나면 토요일 밤부터는 즐거운 주말이다. 휴식을 가진 후이므로 이번에는 여유 있게 주말을 즐기는 것이다. 일만 하고 쉬지 않으면 언젠가는 건강을 해쳐 인생의 목적인 쾌락을 맛보지 못하게 된다는 것을 유대인은 오랜 역사를 통해 알고 있다. 일한 후에는 반드시 쉬어야 한다.

40

몸을 깨끗이 하면 병이 떨어진다

유대인은 백인들보다 목욕을 자주 한다. 독일인은 2주일에 한 번, 프랑스인은 그보다도 횟수가 적다. 그런데 유대인은 거의 매일 밤 목욕을 한다. 그만큼 유대인은 청결을 좋아하는 민족이다.

유대 남자는 유대교의 교조(教條)에 따라 할례(割禮: 남자아이가 태어난 8일이 되면 성기 끝 표피를 베어내는 예식, 일종의 포경수술)를 받는다. 그리고 목욕할 때마다 깨끗이 그곳의 때를 씻어낸다. 아마 그 때문인 것으로 생각되는데, 유대인 여성은 타민족의 여성에 비해 자궁암에 걸리는 확률이 적다. 이 사실은 의학적 통계에도 나타나 있다.

그들 남성이 할례를 받는 것은 순수한 종교적 의식이라고도 하고, 쾌락을 인생의 목적으로 하는 그들의 생활방식에서 나온 것이라고도 한다. 이유야 어떻든 자궁암에 걸리는 여성이 적다는 사실은 유대인이 건강과 청결함을 중요시하고 있다는 것을 잘 말해 주는 것이다.

유대인은 물이 부족한 경우나 긴급한 사태에서도 반드시 신체의 두 곳만은 깨끗이 씻도록 교육받고 있다. 이것은 '유대인식 목욕'이라고 일컬어지는 목욕법으로 신체의 두 곳이란 음부와 겨드랑이 밑을 말한다. 목욕탕 속에서 유대인은 이 두 곳을 특히 정성들여 씻는다.

41
젖은 아기의 소유

대개 다른 나라의 여자는 유대인과 결혼하기를 꺼린다. 유대인 가운데도 우수한 계층일수록 아기가 많지 않다. 다른 나라 여자들이 유대인과 결혼하는 것을 좋아한다면 유대민족은 그런 고민으로부터 벗어날 수 있을 것이다.

타민족 여자들이 유대인과 결혼하기를 꺼리는 이유에는, 차별받아온 민족이라는 이유도 다분히 있겠지만, 그보다 다른 이유는 인공영양에 의한 육아를 인정하지 않기 때문이다.

"사람의 자식은 반드시 사람의 젖으로 길러야 한다."

이것이 유대인의 의식이다.

"모유야말로 자연의 이치에 합당한 것이다. 우리는 몇 천 년 동안 모유로 자식을 기르는 것을 지켜 왔다. 사람의 자식을 동물의 젖으로 기르는 것은 잘못이다."

그들은 이렇게 주장한다. 모유를 주게 됨으로써 여성의 바스트의 균형이 무너지는 것쯤은 조금도 개의치 않는다. 어떻게 하든 유방의 곡선미를 간직하려는 다른 민족의 여자들로부터 유대인이 경원(敬遠)당하게 되는 최대의 이유가 바로 이점이다. 만일 모유로 육아하는 것을 포기한다면 그 유대인은 유대 교회로부터 추방당한다.

42

100점 만점에 64점이면 합격

유대인끼리의 상거래에 있어서도 가끔 시비는 일어난다. 그럴 때면 양자는 유대교의 랍비에게 찾아가서 랍비의 판정을 받는다. 이것은 그 옛날 분쟁 해결에 유대인은 기독교도의 재판소를 사용할 수 없었기 때문에 생긴 유대인의 생활 지혜인데, 그것이 그대로 오늘날까지 이어져 왔다.

랍비의 판정은 신의 판정이며 절대복종이 요구된다. 랍비의 판정에 따르지 않는 자는 유대 사회로부터 추방당하고 만다.

유대 상술이라고 하면 냉혹 무참한 셰익스피어의 「베니스의 상인」을 연상하는 사람이 있을 것이다. 그러나 「베니스의 상인」은 유대인을 박해하기 위해 쓴 어리석기 이를 데 없는 연극이다. 참된 유대 상인은 피도 통하고 눈물도 있다. 돈을 위해서는 마누라까지 신용하지 않는 유대 상인도 유대교의 계율에는 절대 복종하는 피가 통하는 인간이다.

그들에게 절대적인 랍비도 때로는 잘못을 저지르는 수가 있다.

뉴욕에서 대규모의 밀수단이 검거되었을 때, 치약 튜브에 보석을 넣어 밀수하던 랍비가 적발된 적이 있었다.

우리나라에서 고승이 이런 일을 했다면 신도들이 모두 놀라 자빠지고, 절에 불을 지를지도 모른다. 그런데 유대인들은 참으로 담담했다.

"랍비도 인간이다. 그러므로 실수를 할 수도 있다."

그들은 이렇게 말한다. 유대인에게 있어서는 랍비도 인간이며, 인간인 까닭에 합격점은 64점이라는 것이다.

유대인이 64점을 합격점으로 하는 데는 이유가 있다. 유대인의 세계관은 '78 대 22, 플러스마이너스1'이라고 하듯, 이 '78'의 78퍼센트가 바로 '64'이기 때문이다.

신이나 기계에는 100점 만점을 요구하는 유대인도 인간에 대해서는 64점밖에 요구하지 않는다.

43
돈벌이에는 이데올로그가 없다

유대인은 전 세계에 흩어져 있는 유대인끼리 언제나 긴밀한 연락을 취하고 있다. 일이 유대인과 관계되면 미국계 유대인도, 소련 계 유대인도 동포이다. 런던도 워싱턴도 모스크바도 서로 연락되고 있다.

미국의 하리 윌스턴이라는 다이아몬드 세공상도 전세계의 유대인과 손잡고 장사한다. 스위스의 유대인은 중립국의 강점을 최대한으로 이용하여 소련의 유대인과도 결탁하고 있다. 스위스의 유대인을 활용하면 소련인과 미국인은 자유로이 무역할 수 있다. 유대인의 세계에는 자본주의도 공산주의도 없다.

"예수도 마르크스도 사람을 죽이라고 말하지는 않았어요. 어떻게 하면 인간이 행복하게 살 수 있는가 하는 견해에 차이가 있을 뿐. 두 사람 모두 유대인이니까 '죽여라' 하고는 말하지 않아요."

그들은 이렇게 말한다. 그래서 소련의 유대인과 미국의 유대인이 스위스의 유대인을 이용하여 장사를 하는 것은 당연한 생각이다. 전 세계를 상대로 하여 장사하는 유대인에게 상대의 국적 같은 것은 문제가 되지 않는다. 유대인이 유대인 이외의 사람과 거래를 할 때는 독일인, 프랑스인 하고 상대를 구분하여 부르지 않고 모두 '이방인(異邦人)으로 묶어 버리는 것도 유대인이 국적 같은 것을 전혀 염두에 두지 않기 때문이다.

돈벌이가 되는 상대라면 국적 같은 것을 따질 필요가 없다는 것이다.

44

수명을 계산하여 행동하라

상대의 국적 같은 것은 따지지 않는다고 하니, 지독한 짓을 하는 장사꾼이 유대상인이라는 이미지가 떠오르게 된다.

유대인은 합법적이며 또 상대를 괴롭히거나 못살게 하는 것이 목적이 아닌 이상 지독하게 하여 돈을 번다는 것은 도무지 비난받을 행위가 아니며 도리어 정당한 상행위인 것이다.

매점매석으로 값을 올려 돈을 버는 것도 훌륭한 상술이다. 값을 깎아서 두들겨 내리는 것도 나쁜 짓은 아니며 두들겨 깎아 내리면 내리는 편이 비난받아야 한다.

법률에 저촉되지 않고, 유대교의 교리에 따라 돈을 벌기 위해 어떤 수단을 쓰더라도 그것은 할 수 없는 일인 것이다.

즉 그만큼 돈벌이에 관해서는 엄격한 유대인이기 때문에 당연히 자기의 수명을 계산하고 있다. 자기뿐만 아니다. 상대의 수명도 계산해 둔다.

"금년 50세입니까? 그렇다면, 당신은 앞으로 10년이군요."

라는 말을 예사로 한다. 만약 우리가 그런 말을 듣게 된다면 안색이 변해 재수 없다고 정색을 하고 몹시 성을 내겠지만, 유대인끼리의 그런 말은 아무렇지도 않다.

"인간의 생명은 영원한 것이 아니다"라는 진실을 근거로 그들은 그렇게 말하고 있을 뿐이다.

시카고에 사는 대부호 유대 노인은 평범한 아파트에 살고 있었다.

"당신 같은 부자라면 이런 아파트 같은 데서 살지 않아도 얼마든지 저택을 살 수 있을 텐데요."하고 묻자,

"집 같은 것은 있어도 소용이 없어요. 어차피 앞으로 수년 안에 죽을 테니까."

노인은 예사로 이렇게 대답했다.

앞으로 몇 년!

자기 수명을 이처럼 냉정하게 계산할 수 없는 까닭에 엉터리 같은 이야기가 통하는 동양식 상술이 존재하고 있다. 자기의 수명조차 계산하지 않고 죽지 않을 사람처럼 욕심을 부리고 살아가는 우리를 보고 유대인이 어떻게 생각할 것인가. 그래서 신용할 수 없다는 결론이 불신을 가져다주는 것이다.

유대인은 은거하지 않는다. 은거를 하지 않는 유대인은 "나는 앞으로 5년이다"라고 말할 때는 5년 후에 사업에서 은퇴한다는 의미가 아니고, 5년 후에는 죽을 것이라는 의미이다.

유대인이 이와 같이 수명을 계산할 수 있는 것은, 그들이 '선조 대대(先祖代代)'라는 관념에 철저해 있기 때문이다.

45
남을 속이지 말라

일본인 이야기.

어느 날 사무실에 G라고 자칭하는 미국인 변호사로부터 전화가 걸려왔다.

"의논할 일이 있으니 곧 만나 달라"고 시간 약속을 요구하는 전화였다. 마침 바빴기 때문에 그 뜻을 거절했다.

"어떻게 해서든지 시간을 내주기 바랍니다."

"유감스럽지만 그럴 시간이 없습니다."

"그렇다면 1시간 당 2백 달러를 지불하겠습니다. 그래도 만나주지 않겠습니까?"

G는 시간에 값을 정했다. 1시간에 2백 달러를 받아봤자 별것이 아니지만, 그렇게까지 말하는 것을 보니 어지간히 긴급한 용무인 모양이다.

"좋습니다. 30분만 만나지요."

사무실로 찾아온 G는 이렇게 말했다.

"내가 고문 변호사로 있는 미국 회사가 일본의 어떤 상사와 제휴하게 되었는데 과연 그 일본의 상사가 계약을 잘 지키는가 어떤가를 감시하는 '감시자'가 필요합니다. 월 1천 달러를 지불할 테니 좋은 사람을 소개해 주십시오."

그리고 G변호사는 유대인으로부터의 소개장을 제시했다.

"당신이 '이 사람이라면 틀림없다'는 사람이면 믿을 수 있습니다. 당신은 유대인의 친구니까요."

G변호사의 이 말에는 일본 상사와 교환한 계약서를 보여달라고 했다.

"계약서는 완벽합니다."

G변호사는 이렇게 말하고 계약서를 보여 주었다. 나는 읽어가며 나도 모르게 웃었다. 미국인의 눈으로 볼 때는 확실히 완벽한지 모르나 일본인의 눈으로 보면 허점투성이 계약서였다.

"이건 '감시자'가 필요한데…."

나는 변호사에게 계약서의 불비(不備)함을 지적하고, 영어는 할 줄 알면서 마침 할 일이 없어 놀고 있는 남자를 감시자로 소개했다. 그는 거의 일 같은 것은 하지 않고 월 1천 달러를 받고 있다. 요는 머리 쓰기에 달린 것이다.

어쨌든 유대인을 속이거나, 어물어물 넘기려는 짓은 절대로 해서는 안 된다. 그들의 저력을 안다면 그것이 자기 자신에게 치명상이 되어 돌아온다는 것은 너무나 분명하기 때문이다.

46

시간 사용을 돈 쓰듯 하라

맥도널드사의 사장이 되어 햄버거에 손을 댄 유대인이 일본인을 찾아왔다. 일본인은 점포 4개를 개점하고 다음 점포 준비에 한창 바쁜 때였다.

"후지다 씨 좀 한가하신지요."

유대인은 한가한 소리를 했다.

"농담 마시오. 한가한 시간이 없습니다."

"아니, 당신은 시간이 있어요."

"시간이 없다니까요."

"허허, 시간이 없다면서 그렇게 햄버거 가게를 4개나 개점하고도 다음 가게를 낼 준비를 할 수 있단 말이오. 당신이 그만큼 할 수 있다는 것은, 한가한 시간이 있는 것이라고 생각하는데."

그는 아무 소리도 못했다. 유대인은 싱긋이 윙크를 했다.

"한가한 시간이 없는 사람은 돈벌이를 못합니다. 진짜 장사꾼은 돈 벌 생각이 나면, 먼저 한가한 시간을 만듭니다."

그의 말은 간단한 것 같지만 실은 그렇지 않다.

바쁘게 뛰는 척하는 사람일수록 돈은 더 벌지 못한다. 마음의 여유를 가지고 시간을 돈 쓰듯 하는 사람이 현명한 것이다.

제 3 장

계약은 하나님과 약속으로 알라

유대인의 탁월한 사업 수완

'불가사의'는 수의 단위이다. 수인 이상 이론적으로 해명할 수 있어야 한다. 기본 숫자 1부터 시작하여 최대한의 단위를 외워 보자. 일, 십, 백, 천, 만, 십만, 백만, 천만, 억, 십억, 백억, 천억, 조, 십조, 백조, 천조, 경(京)… 여기까지는 대개가 알고 있다. 그런데 그 위의 단위를 아는 사람이 드물다. 경 위로는 해, 잡, 상, 융, 면, 정, 재, 극, 항하사, 아승기, 나유타, 불가사의(不可思議) 등 숫자의 단위가 있는데 불가사의 위가 무량대수(無量大數)이다.

47
부자한테서 얻는 돈벌이

일본에서는 매년 1천만 엔 이상 되는 사람들의 이름을 세무서에서 발표하는데 이 계층 사람들을 상대로 장사하면 분명히 큰돈을 벌 수가 있다.

일반 대중에 비해 부자는 수적으로는 적으나 부자들이 가지고 있는 돈은 압도적으로 많다. 일반 대중이 가지고 있는 돈을 22라 하면 불과 20만 명도 못 되는 부자가 가지고 있는 돈은 78이 된다. 즉 78을 상대로 장사하는 편이 큰 돈벌이가 되는 것이다.

1969년 12월, 한 사람이 연말 대매출 시즌에 도쿄의 A백화점에 찾아가서 다이아몬드를 팔게 해달라고 부탁했더니 A백화점에서는 말도 안 된다는 표정을 지어 보였다.

"그건 무리한 부탁입니다. 지금은 연말 시즌이에요. 부자들을 상대로 한다지만 이 불황에 아무리 부자라도 다이아몬드에 관심을 갖겠어요?"

라며 거절했다. 그러나 물러서지 않고 끈질긴 요구를 하자 A백화점은 마침내 그의 지배하에 있는 변두리 B점포의 한 모퉁이를 제공해 주며 해보라고 허락했다. B점포는 다른 점포에 비해 위치도 나쁘고, 손님의 수준도 낮았다. 조건은 나쁘지만 나는 기쁘게 받아들였다.

곧 뉴욕의 다이아몬드 상에 연락해서 적당히 커트한 다이아몬드를 주문하여 연말 대매출에 내놓았는데 이것이 날개 돋친 듯 팔려 나갔다.

겨우 하루만에 3백만 엔 어치만 팔리면 최고 매상일 것이라는 주위의 말과는 달리 5천만 엔의 매상고를 올렸다. 그 기세를 몰아 연말연시에 걸쳐, 킹키와 시꼬꾸 지방에서도 다이아몬드를 팔았는데, 어느 점포나 5천만 엔의 매상을 올렸다.

결국 A백화점도 머리를 숙이고 좋은 판매장 제공을 제의해 왔다. 그러나 이미 도쿄 지역에서는 B점포에서 한 차례 성공적인 매출을 했으므로, A백화점은 판매장을 제공하면서도 자신이 없어 보였다.

"그저 하루에 1천만 엔 정도만 팔리면 됩니다."

라고 말하는 백화점 측에 호언장담했다.

"아니, 그 기간 중에 3억 엔 정도는 팔아 보겠습니다."

이렇게 해서 1970년 12월 A백화점에서 다이아몬드를 판매했는데, 1천만 엔 정도가 아니라 1억 2천만 엔 어치의 다이아몬드가 팔려 나갔다.

그리고 1971년 2월까지 드디어 다이아몬드 세일 기간 중의 매상고가 3억 엔을 돌파했고, 시꼬꾸 지방에서도 2억 엔 선을 돌파했다.

다이아몬드라는 상품에 대한 백화점 측의 사고방식은 자동차의 경우로 말하면 외제품인 '캐딜락'이나 '링컨'과 같은 호화로운 상품으로 생각하고 있는데, 일본 제품인 '블루 버드'나 '세드릭' 정도의 '약간의 사치품'으로 보았던 것이다. 다시 말해 '서민층이라도 손에 넣을 수 있는 고급품'이라고 점친 것이 대성공을 거둔 원인이 되었다.

약간의 여유가 있는 계층이라면 반드시 욕심을 내고, 또 현실적으로 손을 내밀 수 있는 상품이야말로 다이아몬드라고 생각했었는데, 생각대로 부자들은 에누리도 하지 않고 기분 좋게 정가대로 사주었던 것이다.

48

큰 숫자를 익혀라

앞에서 '78대 22의 법칙'을 설명한 이유는 유대인의 상술에는 특유의 법칙이 있다는 것을 강조하기 위해서였다. 이 법칙에서 알 수 있듯이 유대인은 수치에 밝다는 것을 강조하는 것이다.

상인이 숫자에 밝지 않으면 안 된다는 것은 당연하지만 특히 유대인의 숫자에 대한 개념은 유별나다. 유대인은 평소에 숫자를 일상생활에 끌어들여 생활의 일부로 삼고 있다.

예를 들어 대부분의 사람은 "오늘은 무척 덥다", "좀 추워진 것 같다"라고 표현하는데, 유대인은 더위나 추위도 숫자로 표시한 다. "오늘은 화씨 80도다", "지금은 화씨 60도다"라는 식으로 온도계의 숫자를 말한다.

숫자에 익숙하고 철저해지는 것이 유대 상술의 기초이며 돈벌이의 기본이다. 만약 돈을 벌고 싶다면 언제나 생활 속에 숫자를 끌어들여 친숙해지는 습관을 체득하라. 장사할 때만 숫자를 들고 나온다면 이미 돈을 버는 것과는 멀어진 것이다.

대개는 이론적으로 설명할 수 없는 일을 당하면 "불가사의하다"고 고개를 젓는다. 이러한 행동에 대하여 평하라고 한다면 "그래서 돈벌이에 서툰 것이다"라고 말하겠다.

'불가사의'는 수의 단위이다. 수인 이상 이론적으로 해명할 수 있어야 한다.

기본 숫자 1부터 시작하여 최대한의 단위를 외워 보자.

일, 십, 백, 천, 만, 십만, 백만, 천만, 억, 십억, 백억, 천억, 조, 십조, 백조, 천조, 경(京)…… 여기까지는 대개가 알고 있다. 그런데 그 위의 단위를 아는 사람이 드물다. 경 위로는 해(垓), 잡(市), 상(商), 융(瀧), 면(澠), 정(正), 재(載), 극(極), 항하사(恒河沙), 아승기(阿僧祇), 나유타(那由他), 불가사의(不可思議) 등 숫자의 단위가 있는데 불가사의 위가 무량대수(無量大數)이다.

불가사의란 단위는 매우 크지만 무량대수보다는 적은 수다. 그런데 숫자에 익숙하지 못한 일반인 중에서 불가사의가 숫자의 단위라고 대답할 사람이 과연 몇 명이나 있겠는가?

유대인은 반드시 가방 안에 대수계산척(大數計算尺)을 가지고 다닌다. 그들은 숫자에 있어서는 절대적인 자신을 가지고 있다. 그들의 상술에는 법칙이 있고 숫자에 능통해지는 것이 상술의 기본이 된다.

"원칙(法則)을 벗어나면 돈벌이는 안 된다. 돈을 벌고 싶지 않으면 무슨 짓을 하든 상관없다. 세상에는 돌을 깎으면서 인생을 즐기는 사람도 있으니까. 그러나 돈을 벌고 싶으면 결코 원칙을 벗어나선 안 된다."

그들은 자신 있게 이렇게 말한다. 과연 유대 상술의 법칙에 틀림은 없는 것일까?

"걱정 없다. 그것이 틀리지 않는다는 것은 유대 5천 년의 역사가 증명해 주고 있다."

유대인은 언제나 이렇게 말하며 가슴을 편다.

49
세상을 조종하는 유대인들

제2차 세계대전 후 일본의 경제성장은 급진전했다. 일본을 이렇게 부흥시켜준 장본인은 유대인이다. 유대인 수입업자가 일본으로부터 물품을 구입해 주었기 때문에 일본에 달러가 모여들어 부국(富國)이 된 것이다.

유대인이라 해서 이스라엘인을 말하는 것은 아니다. 국적은 제각기 다르다. 미국인도 있고 소련인도 있다. 독일인, 스위스인도 있고, 갈색 피부를 가진 시리아인도 있다.

국적은 각양각색이지만 유대인은 날카로운 매부리코와 2천년의 박해받은 역사를 지닌 민족이다. 그 유대 민족은 오늘날 어느 분야에서든지 세계의 지배자로 군림하고 있다고 해도 과언이 아니다.

미국을 지배하고 있는 사람은 전 미국 인구의 2%에 불과한 유대인이다. 전 세계의 유대인은 모두 끌어 모아도 겨우 2천 만 명에 지나지 않는다.

그러면서도 역사상의 중대한 발견이나 인류 불후의 명작 중엔 유대인의 손으로 이루어진 것이 거의 전부다. 생각나는 대로 저명한 유대인들의 이름을 열거해 보면 메시야 예수 그리스도, 화가 피카소, 음악가 베토벤, 물리학자 아인슈타인, 공산주의 창시자 마르크스 등등…….

그리스도도 유대인이다. 또 그리스도를 십자가에 달아 죽인 사람도 유대인이었다. 예수 그리스도는 유대인이 아니라고 생각하는 사람들이 많은 것 같은데 그리스도도 유대인이다.

유대인들은 유대교를 통하여 여호와 신밖에 믿지 않는다. 그래서 그들은 '하나님의 아들'이나 '메시야 예수'를 부정한다. 그러므로 유대인은 스스로 '하나님의 아들'이라고 칭한 그리스도를 인정하지 않으려고 죽였던 것이다.

"유대인이 유대인을 처형하였다는 이유 때문에 전 세계 사람들로부터 2천 년 동안이나 계속 박해를 받았다는 이런 어처구니없는 말이 어디 있습니까? 그리스도의 처형은 우리들과는 아무런 관계도 없으며 전 세계 사람들과도 아무 관계가 없는 일입니다."

그리스도에 관한 말이 나오면 유대인들은 이렇게 강변한다.

자유 민주세계의 상징인 그리스도가 유대인이며 공산주의의 상징인 마르크스도 유대인이다.

"자본주의와 공산주의와의 적대 관계도 말하자면 두 유대인의 사상대립에 지나지 않습니다. 어느 쪽이나 우리의 동포입니다."

미·소 양국이 맞설 때마다 유대인은 이런 말로, 과열된 적대 관계에 찬물을 끼얹는 것이다.

세계 굴지의 재벌 로스차일드, 천재 화가 피카소, 20세기의 위대한 과학자 아인슈타인, 제2차 세계대전 당시의 미국 대통령 루즈벨트, 그리고 역사적인 미·중국 접근에 산파역을 한 미국 대통령 특별보좌관이었던 키신저 등이 모두 유대인이다.

그러나 그보다 더 중대한 사실은 구미 각국의 이름 높은 상인들의 태반이 유대인이라는 사실이다.

무역업자로 세계무대에서 장사를 잘 하려면 싫건 좋건 유대인과 거래하지 않으면 안 된다. 유대인들이 세계를 지배하고 있기 때문이다.

50
돈은 다 돈일 뿐

유대인은 돈벌이를 할 때에도 그 돈의 정체에 대해 따진다.

술장수나 콜걸, 호텔업 등으로 번 돈은 '더러운 돈', 착실하게 일하여 혹사당하며 받은 노임은 '깨끗한 돈'이라는 식으로 구별하기를 좋아한다. 이보다 어리석은 생각이 어디 있을까.

술장사로 번 돈에 '이 돈은 술장사를 해서 번 돈입니다.'라고는 씌어 있지 않다. 주점의 마담 주머니의 천 엔짜리에도 '이것은 술 취한 사람한테서 받은 돈입니다.'라고는 씌어 있지 않다. 돈에는 출신 성분이나 이력서가 붙어 있지 않다는 것으로 돈에는 '더러운 돈'이란 없다는 말이다.

그러나 동양인들에게는 그 말이 통하지만 유대인들에게는 안 통하는 말이다. 그들이 정정당당한 방법으로 돈을 벌어야 한다는 것을 단적으로 보여주는 예이다. 우리 속담에는 개같이 벌어서 정승같이 쓴다고 했는데 과연 개같이 벌어서 정승처럼, 유대 부호들처럼 쓰는 사람이 몇이나 있는가. 아무리 아쉬워도 돈은 깨끗이 벌어야 하고 깨끗이 쓸 줄 알아야 한다.

51

현금만 인정하라

유대인은 현금만 믿는다. 그 이유는 천재지변과 인간들에 의한 재난으로부터 생명이나 생활을 보장하는 것은 현금 이외에는 없다고 믿기 때문이다.

유대인은 은행마저 믿으려 하지 않는다. 오직 현금제일주의다. 상거래하고 있는 상대까지도 그들은 '현금주의'로 평가한다.

"저 사람은 현금을 얼마나 가지고 있나?"

"저 회사는 현금으로 환산하면 얼마 정도나 될까?"

평가는 모두 현금으로 환산한다. 거래하고 있는 상대방이 1년 후에는 억만장자가 될 것이 확실해도 내일 당장 그 사람의 일신상에 어떤 일이 일어나지 않는다는 보장은 없다고 생각한다. 인간도 사회도 자연도 매일매일 변천해 간다는 것이 유대교 신의 섭리이며, 유대인들의 신념이기도 하다. 변하지 않는 것은 현금뿐이기 때문이다.

52
은행예금의 이자는 손해다

유대인이 은행 예금까지도 신용하지 않는 데는 이유가 있다.

은행에 예금하면 확실히 이자가 붙어 돈은 늘어난다. 그러나 예금에 이자가 붙어 불어나는 동안에 물가도 올라가므로 거기에 비례해 화폐 가치는 떨어진다. 그리고 만약 본인이 사망하면 상속세로 많은 금액을 국가에 빼앗겨 버린다.

아무리 많은 재산이라도 3대만 상속하면 바닥이 난다는 것이 세법상의 원칙이다. 이것은 전 세계의 어느 국가에서나 공통적인 관례다.

오늘날 일본에서는 무기명 예금제도 같은 것이 없지는 않으나, 이 제도는 누구나 이용할 수 있게 되어 있지 않으며, 언젠가는 유럽의 여러 나라처럼 폐지될 것이 틀림없다. 그렇다면 재산을 현금으로 보유하고 있는 편이 유산 상속세로 빼앗기지 않는 좋은 방법이다.

이와 같이 유산 상속세 하나만 보더라도, 은행 예금은 손해라는 결론이 나온다. 한편 현금은 이자가 붙지 않아 불어나지 않는다.

그러나 은행예금과 같이 증거를 남기지 않아 유산 상속세로 빼앗길 염려는 없다. 그리고 불어나지 않는 대신 결코 줄어드는 일도 없다. 유대인에게 있어 현금이 '줄어들지 않는다'는 것은 '손해 보지 않는다'는 가장 초보적인 이론과 통하는 것이다.

53
신용금고는 불안한 대상

1968년 가을, 일본인이 뉴욕의 액세서리상인 다이몬드 씨의 사무실을 방문했다고 한다. 두 말할 나위도 없이 미국의 일류 액세서리상인인 이상 그도 유대인이다. 다이몬드 씨는 전부터 은행 무용론을 주장해온 사람이기도 하다.

그때 그는 불쑥 이런 말을 했다.

"다이몬드 씨, 만일 괜찮으시다면 당신의 현금을 보여 줄 수 없겠습니까?"

다이몬드씨는 쾌히 승낙했다.

"좋습니다. 내일 은행으로 나와 주십시오."

다음 날 아침 다이몬드 씨와 은행에서 만났다. 다이몬드 씨는 그 은행 지하에 있는 어두컴컴한 금고 쪽으로 안내했다.

다이몬드 씨가 보여준 금고는 장관이었다. 일본 엔으로 환산해서 거의 2, 30억 엔은 되리라고 생각되었다. 지폐는 새것도 있고, 지금도 통용될 수 있을 성싶은 5, 60년 전의 낡아빠진 것도 있었다. 이것들이 차곡차곡 쌓여 있었다.

다이몬드 씨는 은행에 예금하고 있는 것이 아니라 안전하게 은행에 관리를 시키고 있을 뿐이었던 것이다.

1971년 1월 다이몬드 씨가 사업상의 용건으로 일본에 건너와 일본인의 사무실을 찾아왔다. 그는 뉴욕에서의 답례를 겸한다는 뜻도 있고 해서 "오늘은 내 금고를 보여드리겠습니다."라고 말했다. 금고는 자기 회사와 같은 빌딩 1층에 있는 S은행 지점 금고실에 있다.

엘리베이터로 지하 1층에 내리자, 입구에서 접수하는 아가씨가 애교 있게 말했다.

"어서 오십시오. 몇 번이십니까?"

번호를 대자, 그 아가씨는 열쇠로 금고를 열어 주었다.

"오! 노우!"

사무실에 돌아오자 다이몬드 씨는 지나칠 정도의 제스처를 보이면서 그에게 충고했다.

"나는 저렇게 위험한 일은 절대 하지 않습니다. 엘리베이터에서 내리자 곧 금고의 접수가 있고, 게다가 접수하는 사람은 젊은 여성이 아닙니까? 만약 은행 갱이 기관총을 가지고 나타난다면 누가 어떤 방법으로 당신 재산을 지켜주겠습니까? 나는 그런 금고에 내 재산을 맡기고 싶은 생각은 없어요. 금고는 절대 안전이 보장될 수 있는 장소에 있어야 합니다. 일본의 은행금고는 종이로 만든 호랑이 같지 않습니까? 만약의 경우에는 아무런 도움도 되지 않겠지요."

다이몬드 씨는 두려운 듯이 목을 움츠렸다. 그리고 처음 본 일본의 금고가 대단히 마음에 걸리는 듯 계속해서 말했다.

"내가 은행에 현금을 보관하는 것은 절대 안전하게 내 재산을 보호해주기 때문입니다. 일본 은행 금고는 단순한 은행 서비스에 불과합니다. 위험 요소가 너무 많습니다."

그렇지 않아도 은행을 신용하지 않는 유대인에게 있어서는 일본의 은행 금고는 도저히 현금을 보관시킬 만한 곳이 못된다고 생각하고 있었다.

54
외국에 능통한 유대인

상거래를 잘하자면 판단이 정확하고 신속해야 한다. 유대인과 거래를 해 보면, 그들의 판단이 얼마나 빠르고 정확한가에 놀라지 않을 수 없다.

유대인은 전 세계를 상대하고 있어서 그런지, 적어도 2개 국어는 유창하게 구사하고 있다. 자기 나랏말로 사물을 생각하면서 동시에 외국어로도 사물을 생각할 수 있다는 것은 각기 다른 각도로 폭 넓게 이해할 수 있다는 것이며, 국제적 상인으로서 매우 유리한 위치에 서게 되는 것이다.

예를 들어 유대인들이 흔히 사용하는 영어에 '니블러(nibbler)'라는 단어가 있다. 이것은 'nibble'이라는 동사에서 나온 단어인데 낚시질할 때 물고기가 미끼를 툭툭 건드려 보는 상태를 말한다.

물고기는 nibble의 상태에서 재빨리 미끼만 따먹고 도망치는 경우와 낚시에 걸려드는 경우가 있다. 이처럼 미끼만 따먹고 도망쳐 버리는 수법을 쓰는 상인을 '니블러'라고 하는데, 일본어에는 이 '니블러'에 해당되는 단어가 없다. 그래서 일본어밖에 모르는 상인은 '니블러'를 이해하지 못하여 보기 좋게 '니블러'에게 미끼만 먹혀 버리고 만다.

이것을 반대로 생각해 보면 그러한 일본인은 '니블러'는 될 수 없다는 말이 된다. 유대 상인중에는 이러한 '니블러'가 많아서 통역을 가운데에 세우고 거래를 흥정하다가는 십중팔구 그들의 미끼가 되고 만다.

일본어밖에 모른다는 것은 그 사람의 사고방식이 기껏해야 유교 정신이나 불교 정신을 기반으로 해서 전개될 수밖에 없다고 할 수 있다. 그래서 유교나 불교에 전혀 소양(素養)이 없는 상대를 만나게 되면 의사소통이 잘 안되고, 심할 경우에는 접대할 방법조차 몰라 허수아비 신세가 되고 만다. 이래서야 상담이 제대로 성립될 까닭이 없다.

돈벌이를 하려면 적어도 영어 정도는 자유롭게 구사할 수 있어야 한다. 세계에서 가장 어렵다는 일본어를 자유자재로 구사하는 일본인이 간단한 영어를 제대로 하지 못한다는 것은 도리어 이상하다.

다음에 이야기하겠지만 학창시절에 '브로큰잉글리시'였지만 영어를 마스터한 덕에 오늘날 '긴자의 유대인'이라 불릴 정도로 약간의 재물과 국제 상인으로서의 지위를 획득할 수 있었다.

영어를 할 수 있다는 것은 돈벌이의 첫 번째 조건이며 영어와 돈과는 불가분의 관계가 있다고 생각해도 무리가 아니다.

55

암산에 능통한 유대인

유대인은 암산에 능통하다. 암산이 빠르다는 것은 그들의 판단력이 얼마나 신속한가를 말해주는 것이다.

한 유대인을 일본 트랜지스터라디오 공장에 안내했을 때의 일이다. 한동안 말없이 여공들이 작업하는 모습을 지켜보던 그는 공장 안내원에게 질문을 했다.

"여공들의 시간당 임금은 얼마나 됩니까?"

안내원은 당황하여 눈을 껌벅이며 계산하기 시작했다.

"에— 이들의 평균 급료가 2만 5천 엔이니까, 한 달 작업일수인 25일로 나누면 하루에 1천 엔, 하루 8시간 노동이니까 1천 엔을 8로 나누면 1시간엔 1백 25엔, 1백 25엔을 달러가 아닌 센트로 환산하면……."

이 계산의 결과가나오기까지 2, 3분은 걸렸다. 그런데 그 유대인은 월급이 2만 5천원 엔이라는 말을 듣자마자 곧 "그러면 1시간에 35센트 정도군" 하고 답을 냈다. 공장 안내원이 답을 낼 무렵에는 이미 여자 직공 수와 생산능력 그리고 원료비 등으로부터 트랜지스터라디오 1대당의 이익금까지 계산해 내었다.

암산이 빠르기 때문에 유대인은 항상 정확한 판단을 내릴 수 있는 것이다.

56
지식은 다양하게 갖추어라

유대인과 교제해 보면 곧 알 수 있지만, 그들은 만물박사이다. 더욱이 수박 겉핥기식의 적당하고 얕은 지식을 가진 게 아니라 박학(博學)하다. 유대인과 식사를 함께 하면서 대화를 나눠보면 그들이 정치·경제·역사·스포츠·레저 등 모든 분야에 걸쳐 지식이 풍부한 데에 놀라게 된다.

유대인은 상거래와는 아무런 관계도 없다고 생각되는 일도 매우 잘 알고 있다. 예를 들면 대서양 해저에 서식하고 있는 물고기 이름, 자동차 구조, 식물의 종류 등에 관한 지식까지도 전문가 못지않게 알고 있다.

이런 풍부한 지식이 유대인의 화제를 풍부하게 하여 인생을 여유 있게 하고 있음은 두 말할 것도 없고, 그러한 지식이 상인으로서 정확한 판단을 내릴 때 큰 도움이 된다는 것도 분명하다. 모든 지식이 뒷받침된 넓은 시야, 그 시야 위에 서서 유대인은 정확한 판단을 내리는 것이다.

"상인은 주판만 놓을 수 있으면 된다."는 사고방식이 그 얼마나 시야가 좁고, 비유대인적인 사고방식인가는 새삼 강조할 필요가 없다.

사물을 한 각도에서밖에 볼 수 없는 인간은 인간으로서도 부족하지만, 상인으로서는 더욱 실격이다.

일본인 중에는 남자는 남근의 단소(短小), 여자는 유방이 작다고 고민하는 사람이 많다. 유대인은 음담패설은 싫어하지만 우연한 기회에 이런 이야기를 하게 되었다. 어느 유대인이 아무렇지도 않은 듯 이렇게 말했다.

"위에서 보니까 그래요. 거울 앞에 정면으로 서서 보면 단소 콤플렉스도, 유방이 작다는 열등감도 모두 사라져 버려요. 사물은 무엇이나 마찬가지지만 위에서 보기도 하고 밑에서 올려보기도 하는 등 각도를 바꿔봐야 합니다."

시야가 얼마나 넓고 생각이 얼마나 깊은가를 알 수 있는 한 예였다.

57
오늘 일을 내일로 미루지 말라

유대인은 상담하는 자리에서는 항상 싱글벙글 웃는다. 맑은 아침에는 물론 "굿모닝"이고, 비바람 치는 아침에도 싱글벙글하면서 "굿모닝"이다.

그런데 막상 상담에 들어가면 대부분의 경우 어려움을 면치 못한다. 그들은 금전이 따르는 거래의 결정에는 잔소리가 많고 세밀하다. 마진(margin)의 1푼 1리, 계약서의 아무것도 아닌 양식에도 입에 거품을 물고 때로는 격렬한 언쟁까지 한다.

유대인은 일본인이 가장 장기(長技)로 삼는 적당주의를 인정하지 않는다. 의견이 갈라지는 일이 있으면 어느 쪽 의견이 옳은가를 철저하게 따진다. 토론이 지나쳐 서로 욕지거리가 오가는 경우도 적지 않다. 상담이 하루 만에 원만하게 이루어지는 일은 거의 없다. 첫날은 거의 싸움으로 끝난다.

이러한 경우 일본인은 거의 상담을 중단해 버릴 생각을 한다. 중단할 생각을 하지 않았다 하더라도 싸운 기분을 쉽게 씻어 버리지 못한다. 상당한 냉각기간을 갖지 않으면 겸연쩍은 생각 때문에 상대방의 얼굴을 정면으로 쳐다보지도 못한다.

그러나 유대인은 싸우고 헤어진 그 이튿날 아무렇지도 않은 듯한 태도로 싱글벙글 웃으면서 "굿모닝" 하고 찾아온다.

이쪽에서는 어제 있었던 싸움의 감정이 아직 가시지 않은 상태여서 아연해 하거나 당황해 한다. 어쨌든 뜻하지 않았던 충격을 받은 느낌을 갖게 된다.

"뭐가 '굿모닝'이야, 이 양코배기 같으니, 어제 일을 설마 잊어버리진 않았겠지? 이 빌어먹을 자식!"

이렇게 한바탕 해주고 싶은 기분을 꾹 참고, 애써 냉정을 되찾으면서 손을 내민다. 그러나 마음의 동요는 어쩔 수가 없어 그때까지 마음이 가라앉지 않는다.

이렇게 되면 7할 정도는 적의 술책에 빠져버린 거나 다름없으며 적은 이쪽의 동요를 꿰뚫어 보고, 싱글벙글 웃으면서 주도권을 쥐고 공격을 늦추지 않고 계속해 온다. 얼빠진 정신으로 대하다가 정신 차렸을 때는 이미 적이 마음먹은 조건을 그대로 승인해버린 경우가 되고 만다.

유대인의 말을 들어보면 다음과 같다.

"인간의 세포는 시시각각으로 변하며 날마다 새로워진다. 그러니 어제 싸웠을 때의 당신의 세포는, 오늘 아침에는 이미 새로운 세포로 바뀌어져 있다. 배가 불렀을 때와 배가 고팠을 때의 생각은 다르다. 나는 당신의 세포가 바뀌는 것을 기다리고 있었다."

유대인은 2천 년 동안 박해받은 역사 속에서 얻은 인내의 교훈을 결코 헛되게 하지 않는다. 인내하면서 취할 것만 취한다는 유대 상술을 얻어낸 것이다.

"인간은 변한다. 인간이 변하면 사회도 변한다. 사회가 변하면 유대인은 반드시 다시 살아난다."

이것이 유대인이 2천 년 동안의 인내 속에서 얻은 낙관주의이며, 유대인의 역사 속에서 생겨난 민족정신이다.

58
사장의 능력이 곧 상품이다

유대인은 3개월이 경과해도 돈벌이가 안 된다는 판단이 서면 그 장사에서 깨끗이 손을 뗀다. 자신의 피와 땀의 결정으로 만들어진 회사임에도 멜로드라마적인 감상은 품지 않는다. 장사에 감상은 금물이라는 것을 유대인이라면 충분히 알고 있다. 유대인이 믿는 것은 3개월간의 숫자뿐이며 인간적인 감상이 주판에는 전혀 계상(計上)되지 않는다. 돈을 벌 생각으로 장사하려면 타산적인 합리주의에 철저해야 한다.

유대인은 자기가 경영하고 있는 회사까지도 돈을 벌기 위해서는 망설이지 않고 팔아 버린다. 유대 상술에서는 높은 이윤을 가져오는 것이라면 자기 회사조차도 훌륭한 상품으로 생각해 버린다.

유대인이 조그만 공장으로부터 시작하여 고생을 거듭한 결과, 겨우 업계에서 중견 회사로 육성시킨 자기 회사를 지금이 가장 좋은 기회라는 듯 팔아 버린 예는 수없이 많다. 순조롭게 이익을 올리고 있을 때야말로 그 회사가 비싼 값으로 팔릴 기회라는 것이 유대 상술의 계산이다. 유대인은 좋은 실적을 올리는 회사를 만들어 즐거워하고, 그 회사를 팔아 돈을 벌어서 또한 즐거워한다. 유대식 '회사관(會社觀)'이란 자기 회사를 비싼 값으로 팔아넘기는 것이다. 회사란 사랑의 대상이 아니고 이익을 짜내기 위한 상품에 지나지 않는다는 것이 유대인이 가진 냉정한 회사관이다.

그렇기 때문에 자기의 생명을 걸면서까지 돈벌이도 안 되는 회사를 지킨다는 따위의 바보스러운 짓은 절대 하지 않는다. 유대 상술의 금언에 "사무실에서 죽어라"라는 말이 있는데 이것은 죽을 때까지 벌어라, 죽을 때까지 장사를 멈추지 말라는 뜻이지 회사를 사수하라는 뜻은 전혀 포함되어 있지 않다.

59

계약은 하나님과의 약속으로 알라

유대인을 '계약의 백성'이라고 한다. 그만큼 유대인은 계약에 철저하고 이행에 충실하다. 유대인은 일단 계약을 한 것은 무슨 일이 있어도 지킨다. 그렇기 때문에 상대방에게도 계약 이행을 엄격하게 요구한다. 그들의 계약에 '적당'이라는 말은 결코 용납되지 않는다.

유대인이 '계약의 백성'이라는 말을 듣고 있듯이 그들이 신봉하는 유대교는 '계약의 종교'라 불리고, 구약성서는 '신과 이스라엘 백성과의 계약이 담긴 책'이라고 한다.

유대인은 "인간이 존재하는 것은 신과 존재의 계약을 하고 살고 있기 때문이다"라고 믿고 있다.

유대인이 계약을 어기지 않는 것은 그들이 신과 계약을 맺었다고 생각하기 때문이다. 신과 맺은 약속이라 어길 수가 없는 것이다.

"인간과의 계약도 신과의 계약처럼 어겨서는 안 된다"고 그들은 강조한다. 그러니 채무불이행이라는 말은 유대 상인에게는 존재하지 않으며 상대방의 채무불이행에 대해서는 그 책임을 추궁하는 손해배상을 강력히 요구한다.

유대인으로부터 신용을 얻지 못하는 것은 계약을 잘 지키지 않기 때문이다.

60
계약서마저 파는 상술

유대 상인은 돈을 벌 수 있다면 자기 회사를 상품으로 팔아버릴 정도이니 신과 약속한 계약서도 예사로 팔아 버린다. 계약서도 회사와 마찬가지로 상품으로 간주한다. 믿기 어려운 일이지만 계약서를 사들이는 것을 전문으로 하는 유대인도 있다. 계약서를 사들여서 계약서를 판 사람을 대신하여 이익을 챙기는 장사다. 물론 사들인 계약서는 신용 있는 상인의 안전한 것에 한한다.

이와 같은 계약서를 사들여서 안전하게 이익을 올리는 실속 있는 장사를 '팩터(factor)'라고 한다.

우리나라에는 팩터도 없지만 꼭 맞게 번역할 만한 용어도 없다. 일반적으로 영어의 'factor'는 '중매인', '대리상' 등으로 번역하는데, 어느 쪽이든 적절한 번역이라고 할 수는 없다.

무역상은 크거나 작거나 이 팩터와 접촉하고 있으며 일본의 대상사들도 예외는 아니다. 특히 해외에 파견되어 있는 상사의 사원들은 전부라고 해도 좋을 정도로 팩터와 관계를 맺고 있다.

유대인 팩터는 일반 회사에 찾아온다.

"안녕하십니까, 지금 무얼 하고 계십니까?"

"막 뉴욕의 고급 부인화상(高級婦人靴商)과 10만 달러 분의 수입계약을 맺었습니다."

"오오, 그래요! 그 권리를 나에게 양도해 줄 수 없습니까? 2할의 마진을 현금으로 지불하겠습니다."

팩터는 장삿속이 빨라서 재빠르게 달려든다. 이쪽도 계산을 해보고 2할의 마진이 괜찮다는 판단이 서면 권리를 판다. 팩터는 계약서를 손에 넣자마자 뉴욕의 화상에게 날아가서, "모모 씨의 모든 권리는 앞으로 나에게 있다"고 선언한다. 그는 현금으로 2할의 마진을 주고, 고급 부인화로 한밑천 잡게 된다.

팩터는 자기가 직접 계약을 성립시키는 것이 아니어서 상당한 신용이 있는 상인의 계약서가 아니면 사들이지 않는다. 누구나 팩터를 해보고 싶은 생각이 있겠으나 계약을 잘 지키지 않는 업자를 상대해서는 채무이행이 잘 안 되므로, 만약 한다면 그 손해배상 청구에만 쫓아다니게 될 수도 있다. 차라리 손대지 않는 편이 낫다.

이런 뜻에서 상인이 작성한 계약서는 아직 상품이 될 만한 가치가 없는지도 모른다. 그만큼 정식 상거래라는 차원에서 볼 때 우리는 후진국에 속한다.

61
목매 죽은 사람 발 잡아당기기

팩터와 비슷하지만 전혀 그 성질이 다른 것이 '만세쟁이'다. 만세쟁이의 상술을 유대 상술이라 생각하는 사람이 있으나 그것은 유대 상술은 아니다. 그 수법은 이렇다.

'만세'—즉 두 손 들고 파산하는 사업자나 파산 직전인 회사를 뜻한다. 만세쟁이는 만세 직전이나 만세 직후인 메이커를 찾아다니다가 그럴 듯한 것을 발견하면 독수리처럼 덤벼들어, 그야말로 눈물도 나오지 않을 정도의 싼값으로 후려쳐서 산다.

'만세' 쪽은 조금이라도 부채를 적게 짊어지려는 생각으로 어쩔 수 없이 싸구려라도 응한다. 만세 직전의 회사는 파산을 단 하루라도 지연시켜 보려고 '만세쟁이'의 조건을 받아들여 결국 이러지도 저러지도 못하고 도산한다.

'만세쟁이'도 만세 직전의 메이커를 노리는 동안에는 애교가 있지만 악질적인 만세쟁이는 눈독을 들인 회사나 메이커를 술책을 써서 도산시키는 경우도 있다.

만세쟁이는 메이커들의 사정에 밝아, 파산 직전인 회사가 있으면 그 정보가 3시간 안에 뉴욕까지 들어간다.

62

국적도 돈벌이의 조건이다

손쉬운 돈벌이는 직접 손을 대지 않아도 할 수 있다. 팩터도 아니고 만세쟁이도 아니다. 10%의 마진을 받고 영수증을 매매하는 '영수증업' 같은 것이 그 전형적인 것이다.

직접 손을 대지 않고 매일 거액의 수입을 얻고 있는 대표적인 유대인으로서 로엔슈타인 씨가 있다.

로엔슈타인 씨는 뉴욕의 엠파이어스테이트빌딩 앞에 있는 12층 빌딩을 소유하고, 거기에 사무실을 가지고 있는데, 그의 국적은 리히텐슈타인이다. 그러나 그는 날 때부터 리히텐슈타인 사람은 아니다. 그는 국적을 사들인 것이다.

'리히텐슈타인'이라는 나라는 국적을 팔고 있다. 정가는 7천만엔 정도인데, 그후에는 얼마의 수입이 있거나 연간 9만 엔의 세금을 납부하기만 하면 된다. 가난한 사람도 부자도 세금은 일률적으로 9만 엔이며, 그 이상은 어떠한 명목의 세금도 받지 않는다.

그래서 리히텐슈타인은 전 세계의 부자들이 동경하는 나라로서 국적 구입 희망자가 쇄도하고 있다. 그러나 아무에게나 쉽게 국적을 팔지 않는 인구 1만 5천 명밖에 안 되는 조그마한 나라다.

로엔슈타인 씨는 그 리히텐슈타인의 국적을 사들인 사나이다. 빈틈없는 사나이라는 것은 두말할 나위도 없다.

로엔슈타인 씨가 처음으로 눈독을 들인 대상은 오스트리아에서 선조 대대로 유리 제품인 인조 다이아몬드의 액세서리를 만들고 있는 다니엘 스와로스키가(家)였다. 이 가문은 오스트리아의 명문으로서 매우 큰 회사다.

스와로스키의 회사는 제2차 대전 중 나치스의 명령으로 독일군의 쌍안경 등 군수품을 만들었다는 이유로 프랑스군에 접수 당하게 되었다.

그 사실을 안 로엔슈타인 씨는 곧 스와로스키가와 교섭을 시작했다. 로엔슈타인 씨의 당시 국적은 미국이었다.

"제가 접수 당하는 것을 모면하도록 프랑스군과 교섭해 드리지요. 조건은 교섭이 성공하면 당신 회사의 판매 대리권을 양도해 주시고, 매상고의 10%를 나의 생존 기간 동안 지불해주시는 것입니다. 어떻습니까?"

스와로스키가는 유대인의 너무나 뻔뻔스러운 조건에 펄쩍 뛰면서 화를 냈다. 그러나 냉정히 생각해 보니, 어쩔 수 없는 상황에 몰려 있었다. 결국 스와로스키가는 그 조건을 받아들였다.

로엔슈타인 씨는 그 길로 프랑스군 사령부에 찾아가 정중하게 다음과 같은 말을 했다.

"나는 미국인으로서 로엔슈타인이라고 합니다. 오늘부터 스와로스키의 회사는 나의 소유가 되었습니다. 그러므로 이 회사는 미국인의 재산입니다. 그러니 프랑스군의 접수는 거절하는 바입니다."

프랑스군은 아연실색했으나 미국인의 재산이라니 어쩔 수 없었다. 로엔슈타인 씨의 신청을 받아들일 수밖에 없었던 것이다.

그후 로엔슈타인 씨는 한 푼의 투자도 없이 손에 넣은 스와로스키 회사의 판매대리 회사를 설립하여 계속 돈을 벌어들였다.

그런 그의 사무실에는 로엔슈타인 씨와 여자 타이피스트 한 사람뿐이다. 타이피스트는 세계 각국의 액세서리 상에 발송하는 청구서와 영수증을 작성하기 위해 집무시간 내내 계속 타이프 치는 것이 일과라고 한다.

로엔슈타인 씨가 쌓아 올린 부의 밑천은 '미국 국적'뿐이었다. 게다가 그 밑천인 미국 국적이 필요 없게 되자 재빨리 리히텐슈타인 국적으로 바꿔 연간 9만 엔의 세금만을 지불하고 있을 뿐이다. 이것이 유대상인이다.

63

인간은 시간을 한 번밖에 쓰지 못한다

젊어서는 시간의 귀중함을 모른다.

어린이는 시간에 대한 감각이 약하다. 그러나 성장함에 따라 시간이 재산이라는 것을 이해하게 된다. 그리고 금전 감각과 시간 감각도 어른이 되어야 비로소 몸에 익힌다.

시간은 무엇과도 바꿀 수 없는 소중한 재산이다. 그것을 알면서도 우리는 시간을 허비하고 있다. 시간은 우리가 유익하게 쓰지 않으면 시간이 우리를 낭비하게 하는 것이 된다. 그것은 결국 시간이 우리를 통과하는 게 아니라 우리가 시간을 통과하는 것이다.

시간은 빠르다. 날쌘 짐승과 같아서 그것을 잡는 자는 사냥에 성공하듯 인생에서 성공하고 놓친 자는 실패하고 만다.

인간이 동물과 다른 것은 인간은 시간을 알며 어떻게 사용할 것인지를 계획하고 사용한다는 점이다. 동물은 현재밖에 모른다. 그것들은 현재만 만족하면 그만이다. 그것밖에 아는 게 없다.

같은 인간이라도 짐승처럼 현재만 생각하고 사는 사람과 미래를 생각하며 사는 사람이 있다. 그 차이는 엄청나게 큰 것이다.

생명이 있는 것들은 시간을 한 번밖에 사용하지 못한다. 만일 인생을 두 번만 보낼 수 있다면 지금과 전혀 다른 세상을 만들게 될 것이다.

64
시간은 곧 상품이다

유대 상술의 격언에 '시간을 훔치지 말라'는 말이 있다. 이 격언은 돈벌이에 연결되는 격언이라기보다는 유대 상술의 에티켓을 설명한 격언이라는 편이 알맞다.

시간을 훔치지 말라는 말은 단 1분 1초라도 남의 시간을 훔쳐서는 안 된다는 경고의 말이다.

유대인은 문자 그대로 '시간은 황금'이라고 생각한다. 하루 8시간 근무시간을 그들은 항상 1초에 얼마라는 생각으로 일하고 있다. 타이피스트도 퇴근시간이 되면, 나머지 10자 정도만 치면 서류가 완결된다는 것을 알면서도 그대로 일을 멈추고 퇴근해 버린다.

'시간은 황금'이라는 사고방식에 철저한 그들은 시간을 도둑맞는다는 것은 상품을 도둑맞는 것과 같으며, 결국은 금고 속에 넣어둔 돈을 도둑맞는 것과 마찬가지라고 생각한다.

가령 월수 20만 달러의 유대인이 있다고 하면, 그는 하루에 8천 달러, 1시간에 1천 달러를 벌고 있는 셈이 된다. 1분간에는 71달러에 약간 미달하는 셈이다. 그러니 근무시간 중에는 단 1분간이라도 쓸데없는 사람들과 만나고 있을 수가 없다. 그의 경우, 쓸데없는 일에 5분을 소비했다면 현금 355달러를 도둑맞은 것과 같은 계산이 나온다.

65
미결 서류는 사업가의 결점

유대인은 출근하면 1시간 정도는 딕테이트(dictate)라고 해서 전날 퇴근한 후부터 아침 출근 사이에 온 상거래 편지의 회신을 타이핑한다.

"지금은 딕테이트 시간이니까……"라는 말은 유대인 사이에서 '만인(萬人) 셧아웃'이라는 의미의 공인 용어이다. 딕테이트 시간이 끝나면 차를 마시고, 그때부터 그날의 일에 들어간다. 딕테이트 시간에는 어떤 일이 있어도 유대 상인과 면회하는 것은 불가능하다.

유대인이 딕테이트 시간을 소중하게 여기는 까닭은 그들이 즉석 즉결을 모토로 하여 전날의 일을 다음 날로 미루는 것을 수치로 생각하기 때문이다.

유능한 유대인의 책상 위에서는 미결서류를 찾아볼 수 없다. 그 사람이 유능한지 어떤지는 책상 위를 보면 안다고 하는 것도 그 때문이다. 우리나라 사무실에서는 높은 사람이 되면 될수록 미결인 서류가 쌓이고 기결인 서류상자가 텅텅 비어 있는 광경과는 아주 대조적이다.

제 4 장

손해를 보더라도 시간은 지켜라

일본인의 자기 상술 고백

유대인이 "에누리를 해줄 바엔 팔지 않겠다"는 배짱은 자기가 취급하는 상품에 대한 대단한 자신감에 바탕을 둔 것이다. 좋은 상품이니까 싸게 팔아서는 안 된다는 것이다. 싸게 팔지 않으니까 이익이 많다. 유대인이 돈을 버는 비결도 여기에 있다.

66
'돈'과 연관 있는 이름을 붙여라

나의 이름은 후지다 덴이다.

'덴'이라는 이름이 꽤 어려운 듯 일본인은 고개를 갸우뚱한다. 그대로 '덴'이라고 읽으면 될 것을. 일본인은 사물을 어렵게만 생각하는 버릇이 있어서 '덴'이라고 읽는 대신 '엉'하고 신음 소리를 낸다. 그래서 최근에는 명함에다 "덴이라고 발음해 주시오"라고 인쇄해 넣었다.

그런데 외국인에게 있어서는 '후지다 덴'이라는 이름이 부르기 싫은지 가볍게 "헬로! 덴"하고 불러준다.

적어도 '무슨 노(野), 무슨 베에(兵衛)'라든가, 전통 있는 상점에 그대로 이어져 오는 '×야(屋), ×우에몽(右衛門)'이라는 이름보다는 훨씬 기억하기 쉽고 부르기도 쉬운 모양이다.

나는 틀림없는 일본인이면서 세계 속의 유대계 상인들로부터 '긴자(銀座)의 유대인'이라 불리고 있다. 그리고 일본 상인을 결코 신용하지 않으려는 유대인으로부터도 '친구' 취급을 받고 있다.

나는 유대인들과 사귀면서 외국인들이 부르기 쉬운 '덴'이라는 이름을 붙여준 부모님께 얼마나 감사했는지 모른다. 이를테면, 나의 이름이 후지다 덴베에(藤田傳兵衛)라든가 후지다 덴이찌로(藤田傳一朗)였다면 나는 다른 길을 걷게 됐을지도 모른다.

무역상은 외국인이 부르기 쉬운 이름이 아니면 안 된다. 무역상뿐만 아니라, 국제적인 인물이 되기 위해서는 외국인에게 친근하고 부르기 쉬운 이름을 붙여야 한다는 것이 나의 지론이다.

나에게는 대학 1학년과 고등학교 1학년에 다니는 두 아들이 있는데, 나는 큰아이에게는 '겐(元)', 작은아이에게는 '간(完)'이라는 이름을 붙였다. '겐'은 '처음'이라는 뜻이고, '간'은 '마지막'이라는 뜻처럼 아들은 둘밖에 없다.

그건 그렇다고 하고, '겐'이든 '간'이든 외국인에게는 부르기 쉬운 이름이다. '겐'은 영어로 쓰면 'Gen'즉 'General＝장군'의 약칭으로 'Gen Fujita'라고 쓰면 '후지다 장군'이 된다. 외국인에게 단번에 외울 수 있는 모양 좋은 이름인 것이다.

나는 두 아들이 만약 무역계의 길을 걷게 된다면 '겐'과 '간'이라는 이름으로 상당한 덕을 보리라고 믿고 있다.

글자 획에 집착하여 이름을 붙이는 것도 나쁠 것은 없지만 자손에게 돈벌이를 하게 하려고 생각한다면, 외국인이 부르기 쉽고 또 외우기 쉬우며 '돈'과 연결되는 이름을 붙이는 편이, 뒷날 자식으로부터 감사 받게 될 것이라고 생각한다.

67
돈으로 맞서는 처세

유대인에게 흥미를 갖게 된 것은 1949년 제일생명빌딩에 있는 연합군 총사령부(G. H. Q)에 통역으로 근무하게 되면서부터였다.

G. H. Q에서 일하게 되면서 나는 기묘한 사람들에게 관심을 갖게 되었다. 장교도 아니면서 일본 여자를 전속으로 기용하고 자가용을 타고 다니면서 장교 이상의 사치스러운 생활을 하고 있는 사병들이 있었다.

"졸병 주제에 어떻게 저런 생활을 할 수 있을까?"

나는 사치스럽게 생활하는 그 사병들을 관찰하기 시작했다.

이상한 일은 그런 사람들이 같은 백인이면서도 군대 안에서 경멸받고 따돌림을 당하고 있다는 사실이었다.

"쥬!"

사병들은 사뭇 미워하면서 내뱉듯 한 말투로 그들을 이렇게 부른다. 쥬(Jew)는 영어로 '유대인'이라는 단어이다.

재미있는 것은 대부분의 사병들은 유대인을 경멸하면서도 유대인에게 머리를 들지 못한다는 사실이었다. 유대인 사병은 놀기 좋아하는 전우들에게 돈을 꿔주고 많은 이자를 붙여 가지고 월급날에는 어떤 일이 있어도 거둬들인다. 사병들이 유대인에게 머리를 들지 못하는 이유도 거기에 있었다.

경멸당하면서도 유대인은 아무렇지도 않은 듯 대했다. 머뭇거리기는 고사하고, 도리어 경멸해 오는 사람들에게 돈을 빌려주어, 금전으로 그들을 정복하는 것이었다.

차별을 받으면서도 불평 한 마디 없이 강하게 살아가는 유대인에게 어느 사이에 나는 친근감마저 느끼게 되었다. 그래서 유대인을 멀리하기는커녕 내 편에서 그들을 가까이 하게 되었던 것이다.

나는 오사카에서 태어났다. 그러나 상인의 아들은 아니다. 아버지는 전기 관계 기술자 출신이었으며 나는 무역업계의 상인으로 출세해 보겠다는 생각은 조금도 없었다.

어린 시절부터 나는 외교관이 되고 싶었다. 근처에 구리바라 씨라는 외교관이 살고 있어서 자주 놀러 갔었는데, 구리바라 씨와 같은 외교관이 되는 것이 나의 꿈이었다. 어느 때인가 나의 꿈을 구리바라 씨에게 이야기했더니,

"자네는 결코 외교관이 될 수 없을 걸세."

하고 즉석에서 냉랭하게 말하는 것이었다.

"어째서입니까?"

"그 시골 말투가 좋지 않아. 외교관은 절대 사투리를 쓰는 사람은 안 된다는 불문율(不文律)이 있거든. 도쿄 말씨가 아니면 안 된단 말이야."

구리바라 씨는 다소 동정 어린 눈빛으로 이렇게 말했다. 그래서 나의 외교관에의 꿈은 일순간에 사라지고 말았다.

오사카 사투리라는 어쩔 수 없는 것 때문에 오사카 사람들은 유대인과 마찬가지로 나면서부터 차별을 받았다. 그 차별에 대한 반발 때문에, 오사카 사람들에게는 도쿄 사람들에게서 볼 수 없는 뚝심이 있었다.

차별에는 상대가 열등한 경우의 우월감에서 오는 것과 상대가 우수한 경우의 공포감으로부터 오는 두 종류가 있다.

사병들이 "저놈은 쥬야" 하고 손가락질하며 차별하는 것은 가진 돈을 유대인에게 모조리 빼겨 버리지나 않을까 하는 공포심에서 나온 것이다. 이와 마찬가지로 도쿄 사람들이 오사카 사람들을 차별하는 것은 도쿄 사람들이 오사카 사람들에게 장사에 있어서 도저히 뒤따를 수 없기 때문이었다. 백화점의 오마루도 그렇고, 은행의 미와 은행(三和銀行)이나 스미토모은행(住友銀行)도 그렇고, 영화계 등 전부가 간사이로부터 도쿄로 진출한 것뿐이다. 도쿄에서 오사카로 진출해서 성공한 사업은 전혀 없다고 해도 과언이 아니다.

이것은 역사가 오래 되었다는 것과 크게 관계가 있다고 생각한다. 역사가 오래 되었다는 것은 '반했다. 속았다. 싸웠다. 결혼했다.'는 등의 일이 역사가 짧은 나라보다 더 많이 반복되었다는 것이다. 그 반복에는 여러 가지 케이스로 일어나는 문제에 대해 취해야 할 최선의 방법이 마련되어 있다. 그래서 역사가 짧은 나라는 역사가 오래 된 나라를 이길 수 없는 것이다.

역사가 짧은 미국인이 5천 년의 역사를 가진 유대인들에게 놀아나고 있는 것도 당연하고, 2천 년의 역사가 있는 오사카 사람들이, 4백 년의 짧은 역사밖에 없는 도쿄 사람들에게 당할 까닭이 없다.

그래서 도쿄 사람들은 홧김에 오사카 사투리에 구실을 붙여 외교관은 시키지 않는다는 등, 이치에 닿지 않는 말을 한다. 오사카 사투리로 영어를 말하는 것도 아닌데 이 점에 대해 도쿄 사람들에게 아무리 설명해도 알아듣지 못한다. 어쨌든, 그런 사연으로 나는 외교관이 되는 꿈을 단념할 수밖에 없었다.

G. H. Q의 통역이 됐을 당시 나는 도쿄대학 법학부 학생이었다. 아버님은 이미 작고하셨고, 모친만 홀로 오사카에 계셨는데, 나는 생활비와 학비를 아르바이트로 벌지 않으면 안 되었다. 패전으로 그때까지의 철학·

도덕 · 법률 등 일체의 가치 체계는 혼란에 빠지거나 파괴되었고 살아가기 위한 정신적인 지주(支柱)는 아무것도 없었다.

그때 나에게는 오사카 사람 특유의 져서는 안 된다는 뚝심밖에 없었다. 전쟁에는 졌지만, 사회의 혼란이나 배고픔엔 지고 싶지 않았다. 점령군에게마저도 지고 싶지 않았다.

"어차피 아르바이트를 하려면 적지에 뛰어들어 보자."

통역을 시작할 당시엔 그런 생각이었다. 외교관을 지망한 일이 있었던 만큼, 엉터리 영어였지만 어떻게든 영어를 둘러댈 자신은 있었다.

더욱이 다른 학생 아르바이트에 비해 통역의 보수는 뛰어나게 좋았다. 한 달에 3,4백 엔의 아르바이트가 상식이었던 시절에 통역은 1만 엔이었다.

보수는 적은 것보다 많은 편이 좋다는 것에 관하여는 말할 필요도 없다.

패전국의 인간, 황색인종—그런 차별을 실컷 맛보면서 나는 통역일을 시작했다.

나면서부터 오사카 사투리 때문에 차별을 받을 수밖에 없었던 내가, '유대인'이라는 것만으로 차별을 받으면서도 '돈을 가진 놈이 장땡'이라는 듯 묵묵히 동료 사병들을 돈으로 정복해 가는 생명력이 강한 유대인에게 끌리게 된 것도 그러한 여러 가지 요인이 복합적으로 얽혀 있었기 때문이다. 유대인이 가진 씩씩함을 보고, 나는 패전으로 모든 정신적인 지주를 파괴당해 버린 내가 살아가기 위한 방향이 어떤 것인가를 암시 받은 것 같았다.

68
군대 생활과 돈

G. H. Q에서 나와 친해진 최초의 유대인은 윌킨슨이라는 중사였다. 윌킨슨도 월급날 전에 무일푼이 되어 버린 동료들에게 높은 이자로 돈을 빌려주고 있었다.

빌려준 돈은 월급날이 되면 가차없이 받아냈다. 받아내기 어려울 경우에는 보급품을 빌려준 돈의 담보나 이자로 받아내서, 받아낸 보급품은 곧 비싼 값으로 전매해 버린다. 그런 사나이였으므로 윌킨슨의 주머니는 언제나 현금 뭉치로 가득차 있었다.

미군 중사의 급료는 당시 월 10만 엔 정도였다고 생각된다. 그러나 윌킨슨은 70만 엔이나 하는 차를 두 대나 사들여, 장교라도 아무나 둘 수 없는 전속비서를 두고, 휴일엔 비서를 차에 태워 하코네 등 유흥지로 뽐내면서 드라이브를 했다. 계급은 중사지만 살림은 G. H. Q의 고급장교 이상이었다.

나는 윌킨슨이 하는 행동을 주의 깊게 관찰했다. 그리고 유대인이 돈으로 주위 사람들을 지배해 가는 과정을 뇌리에 새겨 넣었던 것이다. 부지불식간에 유대 상인 밑에 견습생으로 들어가고 만 격이었다.

윌킨슨 중사는 군에서 받는 월급만으로는 도저히 그러한 호화로운 생활을 할 수 없었다. 그러한 생활을 할 수 있었던 것은 월급 외에 소위 '이자

놀이'를 했기 때문이다. 그런 부업을 하지 않는 한 그 많은 여유의 돈이 들어올 까닭이 없다.

그래서 나도 G. H. Q에 있는 유대인과 짜고 부업을 시작했다.

월급 1만 엔에 불만은 없었지만, 수입이 더 많다고 해서 불쾌하게 되는 경우는 결코 있을 수 없을 것이다.

나의 인상은 어느 편인가 하면 중국인을 닮았다. 선글라스를 끼고 진주군(進駐軍) 복장을 하면 아무리 살펴봐도 중국계 2세였다. 차별의 원인이었던 오사카 사투리를 약간만 고치면 제법 괴상한 일본어의 무드를 낼 수 있었다. 나는 부업을 할 때는 중국계 2세 '미스터 진(珍)'으로 행세했다.

G. H. Q에는 윌킨슨 중사 이외에도 유대인이 몇 사람 있었는데, 나는 그들과 차례차례 친숙해져서 그들의 가장 신뢰받는 단짝 미스터 진으로서 중용(重用)되었다.

미스터 진으로서 그들의 돈벌이 일에 가담하면서, 나는 유대 상술의 실제 교육을 받았던 것이다.

69
승패는 시간이 결정한다

나는 1951년 도쿄대학을 졸업하고 바로 후지다 상점이란 간판을 걸었다.

내가 관심을 가진 것은 한국동란의 휴전으로 인해 창고에서 잠자고 있는 흙부대 자루였다. 흙부대를 갖고 있는 회사는 창고료만 들어갈 뿐이므로 인수자가 나타나기만 하면 거저라도 내주게 돼 있을 것이라고 생각했다. 나는 흙부대를 갖고 있는 회사를 찾아가 인수를 제의했다.

내게는 그것을 처분할 방법이 있었다. 내가 흙부대에 붙인 가격은 '공짜'였다. 그런데 흙부대를 가진 회사는 난색을 보였다.

한 개에 5엔이나 10엔이라도 좋지마는 거저로는 곤란하다는 것이다. 나는 5엔에 사기로 했다. 흙부대 12만 개, 총액 60만 엔이었다.

거래에 성공한 나는 바로 당시 식민지가 내란상태에 빠져 있던 나라의 대사관을 찾아갔다. 그 나라에선 무기건 흙부대건 무엇이나 필요할 것이라고 생각했기 때문이다.

생각했던 대로 그 대사관은 1만 개의 흙부대에 크게 관심을 나타냈다. 대사 자신이 직접 견본을 보고 싶다고 했다. 나는 곧 창고에서 견본을 골라 가지고 갔다. 상담은 즉석에서 성립되었다. 대사관은 1개에 5엔을 주고 헐값이 아닌 정당한 가격으로 사갔다. 그로부터 1주일도 안 되어 내란이 끝나, 결국 흙부대는 일본에서 나가지 않고 말았지만 나는 부대를 판 것이다.

나는 '터치'의 차(差)로 장사에 이긴 것이다. '타이밍'이 조금만 늦었더라도 흙부대는 돈을 낳는 상품이 되지 못하고 쓸모없는 쓰레기가 되고 말았을 것이다.

상인에게 타이밍이야말로 생명이라 할 수 있다. 타이밍을 잡는 방법 여하에 따라 크게 벌 수도 있고 큰 손해를 보기도 한다.

70
손해를 보더라도 시일은 지켜라

동업자들은 나를 '긴자의 유대인'이라고 부른다. 나는 그렇게 불리는 것에 만족하고, 나 자신도 그렇게 말하기를 부끄러워하지 않는다.

나는 유대인 상술을 배우고 유대 상술을 나의 상술로 만들고 있다. 일본인이라는 것을 부정하는 것이 아니라, 도리어 일본 것을 자랑으로 알고 있으나, 상인으로서는 유대 상인이 좋다고 생각하고 있다.

유대인들마저도 나를 '긴자의 유대인'이라고 부르며, 비(非)유대인, 즉 이방인에 대한 태도와는 달리 동지처럼 대해 준다. 세계 각지에서 무역의 실권을 쥐고 있는 사람은 모두 유대인이다.

내가 무역상으로서 각지의 무역상과 거래하는 데 있어 '긴자의 유대인'이라는 타이틀이 얼마나 도움이 되는지 모른다.

물론 이 정도에 이르기까지는 유대인으로부터 짓밟히고, 비웃음을 받고, 놀림감이 된 적이 한두 번이 아니었다. 그러나 나는 옛날부터 유대인들이 견디어온 것처럼 견디어 냈다. 그리고 가장 고통스러웠던 '어떤 사건'을 견디어 냈을 때, 유대인으로부터 '긴자의 유대인'이라고 불리는 계기가 되었던 것이다.

내가 '긴자의 유대인'으로서 세계의 유대인으로부터 신용을 얻게 되었던 '어떤 사건'을 소개하지 않으면 안될 것 같다.

1968년, 나는 '아메리칸 오일'로부터 나이프와 포크 3백만 개를 주문 받았다. 납기는 9월 1일, 시카고에 납품한다는 조건이다. 나는 곧 세키시의 업자에게 제조를 의뢰했다.

아메리칸 오일이라는 회사는 '스탠다드 석유'의 모회사이다. 스탠다드 석유에는 본래는 모회사가 없었는데, 미국 내의 오일을 독점할 정도로 회사가 거대해짐으로써 정부의 명령으로 '스탠다드 일리노이'나 '스탠다드 캘리포니아'와 같은 6개 회사로 나뉘어졌다. 그래서 그 분할된 6개 회사는 공동투자를 해서 모회사라고 할 수 있는 '아메리칸 오일'이라는 특수 회사를 만든 것이다. 물론 유대계 자본의 회사이다.

원래가 석유회사인 아메리칸 오일이 석유와는 관계없는 나이프와 포크를 발주해 온 것은, 미국 내에서 진행되고 있는 유통혁명 때문이었다.

종래에는 물품을 파는 일에 있어서 백화점이 왕좌를 차지하고 있었다. 그 왕좌에 도전하여 소비자를 끌어들인 것이 '슈퍼마켓'이며 '디스카운트 하우스'이다. 또한 여기에 끼어든 것이 '크레디트 카드(credit card)'였다. 백화점을 먹어 버린 슈퍼를 다시 먹어 버리겠다는 것이 크레디트 카드인데, 이것은 슈퍼와 값은 같으나 그것을 월부로 해주는 방법이다.

이 크레디트 카드에 진출한 것이 석유 자본이다. 아메리칸 오일에는 카드 이용자 1천 4백만 명이 등록되어 있고 그 중 7백만 명이 매월 카드를 이용하고 있다. 아메리칸 오일은 카드 이용자를 위해서도 싼 물품이 대량으로 필요했다.

슈퍼의 특징은 현금, 크레디트는 월부 장사라는 점이 특징이다. 현금주의인 유대인에 의해 지배되고 있는 석유회사가 현금 장사가 아닌 월부에 진출한다는 것은 불합리하게 보이지만, 여기에는 숨겨진 비밀이 있다. 즉 카드 이용자에게 물품을 판 단계에서, 대금은 은행에서 현금으로 받아낸다. 월부 수금은 모두 은행이 한다. 현금주의의 공식이 제대로 살아 있는 것이다.

설명이 좀 길어졌지만 나이프와 포크 제조업자는 세키시에 집중돼 있다. 그런데 업자들은 프라이드를 가지고 있다.

"좋습니다. 후지다 씨, 여기는 일본의 중심입니다. 세키시로부터 동쪽을 간토라고 하고, 서쪽을 간사이라고 하지요. 도쿄가 일본의 중심이라고 생각한다면 큰 잘못입니다." 그들은 이같이 말한다.

그렇다면 납기에 늦는 일은 없을 것이라 생각하고 나는 안심하고 있었다.

나의 계산으로는 9월 1일까지 시카고에 도착되게 하려면 8월 1일에 요코하마에서 출항시키면 그런 대로 맞게 될 것이다. 주문 받은 때에는 시간이 충분히 있었다. 그런데 도중에 거듭 다짐을 위해 진행 상황을 보려고 갔던 나는 간이 덜컥 내려앉고 말았다. 일은 조금도 진척되지 않고 있었다.

"모내기에 바빠서 할 수 없었지요."라며 아무렇지도 않다는 표정이었다. 화가 치밀어 야단을 치니까,

"언제까지 납품하겠다고 말이야 하지만 늦는 것이 상식 아니오. 빨리 하라지만 그건 무리입니다."

도무지 말이 통하지 않았다. 상대가 유대인이라고 설명했지만

"좀 늦는다고 사정하면 그렇게 야단스럽게는 굴지 않을 것입니다."

하며 오히려 못마땅하다는 표정이었다.

8월 1일에 요코하마에서 출항케 하려면 7월 중순경에는 세키시에서 출하해야 시일에 맞을 것인데, 8월 27일 경까지는 걸릴 것이라고 한다. 8월 27일에 완성된 물품을 9월 1일의 납기에 맞추자면 비행기밖에 없었다. 시카고와 도쿄 사이를 보잉 707을 전세내면 3만 달러가 든다. 나이프와 포크 3백만 개의 대금으로는 도저히 타산이 맞지 않았다.

그러나 나는 무리해서 비행기를 전세 냈다. 유대인이 지배하고 있는 아메리칸 오일과 계약한 이상 무리해서라도 납기에 맞추고 싶었다. 한 번이라도 계약을 어긴 상대를 유대인은 절대로 신용하지 않는다. 제품이 늦은 것은 내 책임이 아니지만 유대인은 변명을 절대로 듣지 않는다. 그들은 언제나 '노 익스플러네이션(說明無用)'인 것이다. 나는 비행기료 1천만 엔을 손해 보더라도 유대인에게 신용 잃는 것은 피하고 싶었다.

나는 팬 아메리칸 항공의 보잉 707을 전세 냈는데 팬 아메리칸은 실속파 회사로서 10일 전까지 현금으로 전세금을 지불하지 않으면 비행기를 보내지 않는 것이다. 더욱이 하네다공항은 과밀상태이기 때문에 비행기가 공항에 체재할 수 있는 시간은 겨우 5시간밖에 안 된다고 했다. 5시간이 지나면 물건을 못 다 싣는 한이 있어도 비행기는 떠야 한다는 것이었다. 그 시간에 3백만 개의 나이프와 포크를 실어야 했다.

전세기는 8월 31일 5시에 하네다에 도착, 오후 10시에 시카고를 향해 날기로 되어 있었다. 시차 관계로 8월 31일의 오후 10시에 출발하더라도 납기에는 맞출 수 있다.

다행히도 나는 이 '전세기'에 주문품을 무사히 실을 수 있었다.

내가 비행기를 전세 내어서까지 납기를 지켰다는 사실은 상대방에게도 전달되었다. 이것이 일본이라면 대단한 미담으로, 주문한 측에서는 감격하여 비행기 전세료를 책임지겠다고 제언할지도 모르지만 상대 유대계 회사는 그 정도는 당연한 것으로 여기고 개인 사정은 통하지 않았다.

"납기에 맞추어 OK다. 비행기를 전세 냈다는 것은 들었다. 굿."

그뿐이었다. 그런데 비행기를 전세 내서까지 납기에 맞도록 한 것은 결코 소용없는 일이 아니었다. 다음 해인 1969년 아메리칸 오일로부터 이번에는 나이프와 포크 6백만 개의 주문이 온 것이다. 6백만 개쯤 되면 세키시 유사 이래 처음 있는 대량 주문이었다. 도시 전체가 아메리칸 오일의 주문 일색이 되어 버렸다.

그런데 이번에도 또다시 늦어 버렸던 것이다. 납기는 9월 1일로 지난 해와 마찬가지여서 선적해야 할 7월 중순까지 도저히 맞출 수 없게 되었다. 나는 또다시 비행기를 전세 냈다. 아메리칸 오일은 전과 다름없이

"납기 내에 도착했다. OK."

그뿐이었다.

나는 더 이상 참을 수가 없어, 세키시 내의 업자들을 모아놓고 비행기 전세료를 얼마만이라도 부담하는 것이 어떠냐고 했다. 업자들은 다소의 책임을 느끼고 있었던 모양이었다.

"좋습니다."

그리고 20만 엔을 부담하겠다고 했다. 나는 잠시 어안이 벙벙하여 입만 벌리고 있었다. 두 번에 걸친 비행기 전세로 나는 큰 손해를 봤다. 그러나 그 비행기 전세료로 나는 도저히 살 수 없는 유대인의 신용을 산 것이다.

"저놈은 약속을 지키는 일본인이다."

이러한 정보는 순식간에 세계 각지의 유대인에게 전해졌다.

'긴자의 유대인'이라는 말속에는 '긴자의 약속을 지키는 유일한 상인'이라는 뉘앙스가 다분히 포함돼 있는 것이다. 나의 유대 상술은 유대인에게 신용을 얻는 일로부터 시작됐다고 할 수 있다.

71
악덕 상인은 대통령에게 직소하라

국제 무역상 가운데는 유대인이면서도 유대 상인 축에 들지 못하는 악덕 상인이 있다. 그 전형적인 패거리가 '만세쟁이'인데, 나는 언젠가 만세쟁이에게 걸려들어 그들을 상대로 대판 싸워 이긴 일이 있다. 그 싸움은 내가 상인으로 살아남느냐 쓰러지고 마느냐 하는 중대한 운명을 건 싸움이었다. 그 싸움에서 이겼기 때문에 오늘날 나는 '긴자의 유대인'으로 유대인의 신용을 얻게 된 것이다.

악덕 유대 상인과 싸움의 전말은 이러하다.

1961년 12월 20일, 전부터 나와 거래가 있던 뉴욕의 베스트 오브 도쿄사에서 지배인인 마린 로빈씨가 일본에 왔다. 용건은 트랜지스터라디오 3천 대와 트랜지스터 전축 5백 대 분량의 매입이었다.

조건은 트랜지스터 전축은 마크를 'NOAM'으로 하며 라디오와 전축의 선적은 다음 해 1962년 2월 5일로 하고 커미션은 3퍼센트라는 세 가지였다.

나는 별로 마음이 내키지 않았다. 먼저 선적까지의 기간이 짧고 상식적으로 커미션은 보통 5퍼센트였으므로 3퍼센트는 너무나 적다는 두 가지 이유 때문이었다. 그러나 상대인 베스트 오브 도쿄사는 뉴욕에서도 아주 큰 트랜지스터 제품 수입상사였다. 오래 거래한다고 생각하면 손해될 상대는 아니었다. 나는 그렇게 생각하고 마지못해 승낙했다. 그리고 주문품을 야마다전기산업에 발주했다.

당시 트랜지스터 전축 단가는 35만 달러였다. 그런데 로빈씨는 야마다 전기산업 사장인 야마다 씨를 직접 설득하여 30달러로 값을 깎고 말았다. 그래도 약속대로 야마다 전기는 생산을 개시했다.

베스트 오브 도쿄사로부터는 그 해 12월 31일에 신용장이 왔으나 주문품의 상품명이 NOAM이어야 할 것이 어떻게 된 셈인지 'YAECON'으로 되어 있었다. YAECON은 야마다 전기의 상품명인데 현재 생산중인 물품에는 베스트 오브 도쿄사의 당초의 주문대로 NOAM 마크를 붙이고 있었다.

나는 거듭 뉴욕에 전화를 걸어 신용장의 YAECON을 NOAM으로 변경하도록 요청했다. 그것은 신용장의 기재와 다른 제품은 수출할 수 없기 때문이다. 베스트 오브 도쿄사로부터는 아무런 소식도 오지 않았다.

야마다 전기에서는 연말연시도 쉬지 않고 생산을 계속하여 겨우 납기 전인 1월 24일에는 수출검사도 끝내고 선적만을 기다리게 되었다. 그런데 그것을 기다리기나 했다는 듯이 1월 29일 뉴욕으로부터 계약 해제 전보가 날아 왔다.

"아차! 놈들은 만세쟁이였구나."

이렇게 생각하고 있을 때 일은 벌써 다 틀린 후였다. NOAM이라는 묘한 이름의 마크를 붙인 상품은 그 마크가 있기 때문에 미국의 다른 수입상사에는 인수시킬 수도 없는 것이었다.

베스트 오브 도쿄사를 상대로 제품을 인수하든가 NOAM 마크의 대체료를 지불하도록 교섭하였으나 내 가슴은 터질 듯한 분노로 들끓고 있었다. 만세쟁이의 표적이 된 것은 악덕 유대 상인에게 얕잡아 보인 때문이었다.

'좋다. 상대가 그런 식이라면 나는 케네디 대통령에게 직접 편지로 직소하겠다.'

나는 이렇게 결심했다. 무시당하고도 가만히 있을 수는 없었다. 미국 대통령에게는 여섯 명의 비서가 있다. 비서진의 단계에서 막혀서는 안 된다.

케네디 대통령에게 보내는 편지인 이상, 대통령이 직접 읽도록 하지 않으면 아무 의미가 없다.

나는 그 동안 얻은 영어 지식을 짜내어 썼다 찢고 다시 쓰고 하여 사흘이나 걸려 겨우 이 정도면 보낼 만하다는 자신이 붙은 편지를 썼다.

2월 20일, 편지를 타이핑해서 보냈다. 그 편지 내용은 다음과 같다.

미합중국 대통령
J. F. 케네디 각하

본인은 귀국의 민주적 무역의 옹호자이며 미국민의 대표인 귀하께 서신을 올리게 된 것을 영광스럽게 생각합니다.

귀하는 현대를 끌어가는 가장 세계적인 정치가입니다. 그런 까닭에 귀국에서는 평범한 일일지라도 타국민에게는 의외의 만행이 되어 손해를 발생케 하는 일을 귀국민이 행하여 타국민이 피해를 입었다면 그것을 구해 줄 수 있는 훌륭한 영도자가 또한 귀하라고 생각하여 다음과 같은 사실을 고하고 선처를 바라는 바입니다.

우리는 바로 20년 전, 귀하가 솔로몬 해역에서 악전고투하시던 때의 귀하보다도 더 곤란한 정황에 있으며 구원을 필요로 하는 입장에 놓여 있습니다. 그것도 미국민에 의해서 본인은 잘못이 없는 데도 불구하고 그러한 곤경에 처해 있습니다.

사태는 극히 간단하며 복잡한 사정도 아닙니다. 베스트 오브 도쿄(뉴욕) 사로부터 당사는 트랜지스터라디오 3천 대 및 트랜지스터 전축 5백 대 등 모두 2만 6천 6백 달러 어치의 주문을 받아 신용장을 수령했음에도 불구하고, 아무런 정당한 이유도 없이 주문을 취소당하여 당사가 큰 손해를 입었습니다. 만약 미국민이 일본인으로부터 이러한 일을 당했다면 어떻게 하시겠습니까? 일본인은 분명히 철퇴를 맞게 될 것입니다. 당사는 베스트 오브 도쿄사에 지정 상표 대체료 2천 44달러 50센트를 청구했습니다만 아무런 성의 있는 회답도 받지 못했습니다.

본 건과 같은 법률상 명백한 일방적 계약불이행에는 문명사회에서는 법률로 싸워야만 할 것입니다. 그런데 당사는 비용문제에 있어서 불가능합니다.

대통령님, 만약 귀하가 불행한 국제 전쟁의 한 원인으로서 사소한 사안의 축적이 크나큰 국민 상호간의 증오심이라는 감정으로 바뀐다는 사실을 아신다면 베스트 오브 도쿄사에 급히 해결하도록 권고하여 주시기 바랍니다.

직무상 바쁘시리라 사료되옵니다마는 소생을 위해 1분간의 시간을 주십시오. LW 4~9166으로 전화하셔서 베스트 오브 도쿄사장 애커맨 씨에게 일본인도 소나 말과 같은 동물이 아니며 피가 흐르고 있는 인간이니 성의를 가지고 해결하라고 권고하여 주시기 바랍니다.

대통령님, 긴 시간과 막대한 돈을 들이지 않고 정의를 수호해 주는 기관이 있다면 속히 교시(教示)해 주시기 바랍니다.

대통령님, 우리 4천 5백 명의 젊은 일본인 친구들은 몸에 폭탄을 짊어지고 귀국의 군함에 돌격하여 죽어 갔습니다. 저 악몽과 같은 가미가제 특공대의 일원으로서 그 사람들의 죽음을 의미 없이 할 수는 없습니다. 비록 작은 일일지라도 국제간에 불신의 화근이 되는 것을 우리는 양식을 가지고 해결하려고 합니다.

대통령님, 제 2차 세계대전의 용사인 귀하에게 본건의 해결 촉구를 간절히 바라마지 않는 바입니다.

후지다 덴

이 편지 중, 한 통은 케네디 대통령에게, 또 한 통은 복사를 해서 도쿄의 미국 대사관으로 보냈다. 반드시 비서가 대통령에게 보일 것이라는 자신은 있었으나 회답은 오지 않을지도 모른다고 생각했다.

한 편 이 사이 2월 2일, 야마다전기산업은 나에게 내용증명의 편지로 제품의 인수를 요구해 왔다. 나도 상인이므로 이 제품을 전매하는 방법은 충분히 알고 있다. 그러나 그렇게 되면 문제가 유야무야가 되고 만다. 나는 유대 상인에게 걸려들어 그대로 조롱만 받고 물러설 생각은 없었다. 더욱 이번 일의 책임은 일방적으로 취소해 온 베스트 오브 도쿄사에 있고, 내가 뒤처리를 해줄 의무는 없었다.

3월 중순 야마다전기는 9천 4백만 엔의 부채를 안고 도산했다. 만세쟁이의 책략 때문에 정말로 만세를 부르고 만 것이다.

야마다전기의 도산 직후 케네디 대통령에게 직소장을 발송한 후 한 달 만인 3월 20일, 나는 미대사관으로부터 부름을 받았다.

차를 대사관으로 몰았다. 마중 나온 담당관은 나에게 케네디 대통령으로부터 온 독수리 마크에 붉은 도장이 찍혀 있는 공문서를 보여주었다.

"실은 케네디 대통령이 상무장관을 통하여 당신으로부터 직소가 있었던 일을 해결하도록 하라고 라이샤워 대사에게 지시가 있었습니다."

성공한 것이다. 나는 마음속으로 쾌재를 불렀다. 담당관은 미안해하면서,

"이 사건은 미국 상사 쪽이 나빴습니다. 정부가 직접 개입할 수는 없으

나 업자에게 권고하여, 따르지 않으면 해외여행을 금지시키는 등의 불이익 조치를 하겠습니다. 귀국인은 이러한 경우 속으로 앓기만 하는 경향이 있는데 차후는 얼마든지 제소해주시기 바랍니다."

하는 것이었다. 무역상이 해외여행 금지를 당하면 사형 언도를 받는 것과 같다. 만세쟁이는 정부의 권고에 따르지 않을 도리가 없었다.

"다만……."

담당관은 덧붙였다.

"언제든지 제소해 주시되, 대통령에게 직소만은 삼가 주셨으면 좋겠습니다."

"그렇습니까? 고맙습니다. 앞으로는 직소하지 않겠습니다."

이 말은 외교상의 인사고, 만세쟁이나 악덕상인이 또 장난을 치면 몇 번이고 대통령에게 직소하리라고 생각했다.

"비행기 전세까지 내가면서 납기에 맞춘 후지다, 대통령에게 직소한 일본 최초의 유대인 후지다."

이 두 사건을 통해 나는 유대 상인으로부터 새롭게 인식되었고 진짜 신용을 얻게 되었다.

72
한 수 앞을 보는

내가 유대 상인 조지 드러커 씨로부터 납인형관(臘人形館)의 흥행권을 사서 도쿄 타워 안에 밀랍 인형관을 만들 계획을 세웠을 때 주위의 사람들은 말렸다.

"일본 사람들 중에 그런 인형을 보러 올 사람이 얼마나 있겠소? 공연히 비싼 권리금을 지불하면서까지 밀랍 인형관을 만든다는 것은 어리석은 일이오."

모두가 밀랍 인형관 흥행은 실패할 것이라고 우려했다.

"적어도 3개월 이상은 적자를 각오해야 할 게요."

하는 사람도 있었다.

"밀랍 인형관으로 일본의 고정관념을 깨뜨리고 흥행업계의 의식을 바꿔 놓고 싶습니다. 지금은 관객이 의자에 인형처럼 앉아 무대를 보고 있고 움직이는 사람은 무대 위의 배우입니다. 그러나 이제부터는 관객이 움직이고 무대 위의 구경거리가 움직이지 않는 것입니다. 움직이지 않는 밀랍인형의 주위를 관객이 자유로이 움직이면서 관람하게 하는 것입니다. 더욱이 인형들은 역사상의 인물이 살았을 때의 그대로를 재연하게 될 것입니다. 관객은 감동을 하면서 '히어로'의 곁에까지 가까이 다가가 마음대로 볼 수 있게 될 것입니다. 내 시도는 반드시 성공할 것입니다. 적자라니 천만의 말씀입니다. 처음부터 흑자를 보여 드리겠습니다."

나는 자신에 차 있었고 승산을 확신했던 것이다.

무대가 정(靜)이고 관객이 동(動)이라는 방식은 비단 흥행만이 아니다. 이를테면 장사에 있어서도 이때까지의 방법은 상점은 물품을 진열하고, 그 물품을 파는 점원을 두어 손님을 물품 앞에 세워놓고 물품을 파는 것이다. 그 결과 인건비가 많이 들게 된다. 손님이 물품 앞을 흘러 지나가면서 자유로이 선택할 수 있는 슈퍼 식으로 하는 편이 손님의 회전율도 빠르고 인건비도 덜 들어 이익이 크다는 것을 인정하게 되었다.

손님이 움직인다. 이것이야말로 현대의 템포에 맞는 상술의 포인트이다. 나는 한 수 앞을 그렇게 보았다.

내 생각은 적중했다. 밀랍인형은 대호평을 받아 오늘까지 계속되고 있다. 손님은 슈퍼에서 물건을 사듯이 밀랍인형의 주변을 돌면서 즐기고 있다.

73
에누리 없는 판매법

유대인은 상품을 비싸게 파는 것에 대하여 비싸게 파는 것이 어째서 정당한가를 설명하는 데 열을 올린다. 통계자료, 팸플릿 등 모든 것이 비싸게 파는 데 활용된다. 우리 사무실에도 매일 그런 자료가 밀려들어온다.

유대인은 그런 자료를 주고는 "보내드린 자료로 소비자를 교육하십시오."라며 절대로 "에누리해 드리지 마세요."라고 한다. 그들은 "자신 있는 상품이기 때문에 에누리해 줄 수 없다"는 것이다. 그리고 한 수 더 떠서 "일본인은 상품에 자신이 없으니까 에누리를 해준다."고 한다.

유대인이 "에누리를 해줄 바엔 팔지 않겠다."는 배짱은 자기가 취급하는 상품에 대한 대단한 자신감에 바탕을 둔 것이다. 좋은 상품이니까 싸게 팔아서는 안 된다는 것이다. 싸게 팔지 않으니까 이익이 많다. 유대인이 돈을 버는 비결도 여기에 있다.

74
옷을 팔아 책을 산다

안식일에만 유대인의 교육적인 분위기가 이루어지는 것은 아니다. 유대인들은 일주일 내내 교육적인 분위기 속에서 지낸다. 물론 이것은 공식적인 학교 제도와는 다르다.

이븐데이븐은 고대 유대 철학자들의 말을 아람어에서 히브리 말로 옮김으로써 그의 이름을 남겼다.

책에 대해서 그는 이렇게 말했다.

"책이 그대의 벗이 되게 하라. 책을 그대의 동반자로 삼아라. 책장을 그대의 낙원으로 삼아라. 그대의 과수원이 되게 하라. 그 낙원에서 노닐어라. 그리고 좋은 과일을 따 모아라. 거기서 꺾은 장미로 그대를 장식하라. 후추 열매를 따거라. 뜰에서 뜰로 거닐며 아름다운 경치를 끊임없이 바꿔가며 보거라. 그러면 그대의 희망은 늘 신선하며 그대의 심령에는 기쁨이 넘쳐흐를 것이다."

유대인은 자기의 생각이나 입맛에 맞는 책만을 골라 읽지 않는다. 자기와 의견을 달리하는 책도 구해 읽으려고 애쓴다. 그것은 지식을 넓히기 위해서이다.

14세기의 저명한 계몽가 임마누엘은 그가 지은 책에서 "그대의 돈을 책을 사는 데에 써라. 그 대가로 거기서 황금과 지성을 얻을 것이다"라고 썼

다. 또 그는

"만일 잉크가 책과 옷에 묻었거든 먼저 책에 묻은 잉크부터 닦아내고 옷에 묻은 잉크를 처리하라. 만일 책과 돈을 동시에 땅에 떨어뜨렸거든 책부터 집어 올리라."고 일렀다. 한편으로 그는 "책은 읽기 위한 것이지 장식하기 위한 것은 아니다. 책은 존경하는 마음으로 다루어져야 한다."라고 말했다.

75

유행은 부자에게서부터

내가 액세서리 상품 수입에 손을 대지 않았더라면 일본의 액세서리 유행은 20년쯤 뒤떨어졌을 것이다. 나는 액세서리를 수입할 때 흰 피부, 파란 눈, 금발을 대상으로 디자인된 것은 일체 손대지 않았다. 고급 핸드백이므로 수입하면 반드시 팔린다는 법은 없다. 내 흉내를 내어 액세서리 수입에 손을 댔다가 실패한 업자가 꽤 많다.

그들이 수입한 것은 팔리지 않고 내가 수입한 것만 팔린 이유는 무엇인가? 그 비결은 나는 황색 피부와 검은머리에 어울리는 것이 아니면 수입을 하지 않았다는 점이다.

여기에는 물론 유대 상인의 적절한 어드바이스가 있었다. 내가 없었더라면 액세서리의 유행이 20년쯤은 늦었을 것이라고 단언하는 것도 그만한 자신이 있기 때문이다.

어떤 상품을 유행하도록 하는 데는 요령이 필요하다. 유행에는 부자들 사이에서 시작되는 것과 대중 속에서 일어나는 것의 두 가지가 있다. 이 두 가지 유행을 비교해 보면 부자들 사이에서 일어난 유행이 압도적으로 오래 간다. 훌라후프라든가 아메리칸 크래커와 같이 대중 사이에서 폭발적으로 일어나는 유행은 곧 사라져 버린다.

부자들 사이에서 유행한 것이 대중에까지 흘러드는 데는 대체로 2년쯤

걸린다. 부자들 사이에 어떤 액세서리를 유행시키면 2년간은 그 상품으로 재미를 볼 수 있다는 얘기가 된다.

부자들 사이에 유행시킬 상품은 고급 외래품이 제일이다. 일본 사람이 외래품에 약하다는 것은 통역 시절의 경험으로 잘 알고 있다. 부자면 부자일수록 외래품 콤플렉스가 뿌리 깊이 박혀 있다. 품질은 도리어 국산품이 좋다는 것을 알면서도 일본 사람은 몇 배 이상 비싼 값으로 외래품을 사려 든다. 다시 말해서 상인들이 비싼 값을 매기더라도 일본 사람은 기꺼이 산다. 이런 돈벌이처럼 좋은 장사는 없다.

인간은 누구나 자기보다는 한 단계 위를 보고, 최소한 그 정도의 생활은 해보고 싶어 한다.

부자나 상류계층은 대중으로서는 동경(憧憬)의 표적이다. 자기보다 지위도 낮고 재산도 없는 자에게는 결코 동경의 감정 같은 것은 품지 않는다. 돈이 전부는 아니라 하더라도 상류 계층이 유행에 미치는 영향은 대단한 것이다. 상류계층을 동경하는 경향은 특히 여자들에게 강하지만 남자들에게도 상류 취향, 디럭스 취향, 귀족 취향을 갖는 사람이 의외로 많다.

이러한 심리를 이용하여 먼저 제1급 계층인 부자들에게 어떤 고급 수입 액세서리를 유행시킨다. 그 계층을 동경하고 있는 그 다음 계층 사람들이 이를테면 수에 있어서 제1계층의 2배가된다면 그 사람들이 겨우 그 유행품을 손에 넣을 때, 상품은 당초의 2배가 팔린다는 것이 된다. 또 그 다음 계층에 유행이 닥치면 상품의 매출은 4배로 늘어난다.

이와 같이 해서 고급품은 점점 대중에게로 흘러 들어가게 되는데, 그 기간은 대개 2년이 걸린다.

물론 유행이 대중화함에 따라 값도 내려가지만 그때면 우리 회사에서는 그 상품에 대해서 이미 손을 떼고 있을 때이다.

과거 30여 년을 통해 우리 회사는 수입한 외래품의 재고를 둔 예가 한 번도 없다. 그러니 바겐세일 같은 것을 해본 일도 없다. 부자들 사이에 유행시키는 것을 장사로 하고 있는 이상, 재고도 바겐세일도 나와는 관계가 없다. 박리다매 같은 힘만 많이 들고 이익이 적은 장사와도 인연이 없다. 부자를 상대로 하면 후리다매(厚利多賣)가 성립될 수 있기 때문이다.

76
후리다매 상술

희소가치를 팔면 후리다매(厚利多賣)는 얼마든지 가능하다.

옛날 도요토미 히데요시에게 필리핀에서 진기한 항아리를 가지고 와서 "이것은 영국의 보물이올시다."하고 바친 오사카 상인이 있었다. 히데요시는 아주 귀중한 것으로 생각하고 싸움터에서 크게 전공을 세운 부하에게 이 항아리를 주었다.

그 부하도 가보(家寶)로서 대대로 이 항아리를 전했는데 도쿠가와 3백년의 쇄국이 풀리고 보니 그 항아리는 서양의 변기인 것이 판명되었던 것이다. 그 변기가 일본에서 영국의 보물로 통해온 것은 당시의 일본에는 똑같은 것 두 개가 존재하지 않았기 때문이다. 히데요시나 그 부하도 그 희소가치를 귀중히 생각한 것이다. 남이 가지고 있지 않은 것을 자기만이 가지고 있다는 것만큼 인간의 자존심을 만족케 하는 것도 없다.

무역상의 재미도 여기에 있다. 외국에서는 1000엔으로 살 수 있는 것이 일본에 가지고 오면 100만 엔의 값을 불러도 팔리는 상품이 있다. 그 상품에 희소가치가 있으면 있을수록 이익의 폭은 크다. 그러한 상품을 싸게 수입하여 비싸게 파는 것이 우수한 수입상이며 또 반대로 외국으로 가지고 나가면 희소가치가 있는 것을, 비싼 값으로 외국에 파는 것이 수완있는 무역상이다.

77

문명을 파는 상술

외래품이 비싸도 잘 팔리는 데는 또 하나의 이유가 있다.

오스트리아에는 액세서리 메이커가 약 3백 가량 있는데 어떤 메이커도 다른 메이커의 제품을 모방하지 않는다.

어느 메이커든 자기가 제조한 것을 자랑삼아 몇 년 동안 자기업소의 독특한 제품을 만들어 왔던 것이다. 일본과 같이 재빠르게 남의 제품을 모방하는 일은 절대로 없다.

그들이 가진 하나하나의 제품에는 긴 역사의 가치가 쌓여 있기 때문이다. 그 몇 백 년 혹은 몇 천 년의 역사의 무게, 인지(人智)의 결정이 만들어낸 훌륭한 제품은, 그것에 높은 값을 붙여도 사람들이 사가게 되는 이유가 되는 것이다.

수입상은 오랜 문명과 새로운 문명과의 격차에 값을 매기고, 문명의 격차가 낳는 에너지를 이익으로 하여 장사를 한다고 해도 좋다. 어느 것이든 그 격차가 클수록 수익성은 더 높아진다.

제 5 장

경제권을 잡은 여자 손님을 노려라

유대 상법의 격언

법률이란 인간이 만든 것이다. 유대식으로 말하면 64점이 겨우 될까말까한 점수로 합격한 것 같은 불완전한 결정이 법률이라는 것이다. 거기에 허점이 있다는 것에 착안하지 않으면 안된다. 법률상의 허점에는 현금이 다발로 나올 틈이 있다고 생각하라.

78

법률의 허점을 찔러라

나는 가공 무역품의 수출 실적을 사모아 원료의 수입 할당을 많이 받아 돈을 번 일이 있다.

그것은 "수출 실적에 따라 수입량을 할당한다."는 법률상의 허점을 활용한 것뿐이다. 다행히도 법률은 설마 나같이 수출실적을 사들이는 사나이가 있는 줄은 몰랐을 테니까 말이다. 수출실적의 매매는 금지하지 않았다. 나는 그러한 법률상의 허점을 최대한 이용해서 돈을 번 것이다.

법률이란 인간이 만든 것이다. 유대식으로 말하면 64점이 겨우 될까 말까한 점수로 합격한 것 같은 불완전한 결정이 법률이라는 것이다. 거기에 허점이 있다는 것에 착안하지 않으면 안 된다.

법률상의 허점에는 현금이 다발로 나올 틈이 있다고 생각하라.

79

'인사치레' 수법은 쓰지 말라

나는 액세서리 수입도 하지만 백화점에 최고급 핸드백 도급(都給)도 하고 있다. 백화점과 그러한 거래가 있으면 당연히 백화점에 나가 보는 기회가 많다. 나는 백화점엘 가면 매장에 가서 장사에 관한 의논만 끝내고 곧장 돌아와 버린다.

그런데 일본이라는 나라는 참으로 이상한 나라가 돼서 내가 매장에서 현장 사람들과 장사 이야기를 끝내고 돌아가는 것만으로는 안 된다는 것이다.

"보세요, 후지다 씨, 오늘은 후지다 씨가 오신다고 해서 저희 부장님이 기다리고 계십니다. 잠깐 들러 주시지 않겠습니까?"

매장의 젊은이는 나를 보면 반드시 이렇게 말한다.

"장사 이야기는 자네와 끝냈으니, 특별히 용무가 있으면 부장이 여기까지 오면 될 것 아닌가."

"아니, 특별히 용무가 있는 것은 아니고, 다음번에 들여올 물품도 있고 해서, 인사라도 하는 것이……."

"그러면 장사 이야기에 앞서 또 다른 장사 이야기라도 있다는 건가?"

"아니, 그런 것은 아닙니다만, 후지다 씨가 매장까지 오셨으면서 부장에게 얼굴을 내보이지 않으시면 부장의 기분이 좋지 않을 것 같아서…….

말하자면 윗사람과 인사를 해두는 것이 좋다는 거지요."

이런 말들이 오간다. 나는 이 점이 못마땅하다. 도대체 인사치레는 뭐 때문에 필요한가? 쓸데없는 시간 낭비 이외의 아무것도 아니다. 그 따위 짓은 집어치워야 한다.

만약 내가 매장의 젊은이의 의견을 받아들여 부장을 만나서 다음번에는 이런 핸드백을 들여놓겠으니 잘 부탁한다고 말했다면, 부장은 "좋습니다"라고는 절대로 말하지 않는다.

"그래요? 그러면 담당을 부를 테니 이야기해 보시지요."

그렇게 되면 나는 부장 앞에서 한 번 더 매장의 젊은이와 얼굴을 대하게 되고, 같은 이야기를 또 한 번 하지 않으면 안 된다.

매장에서 한 번, 부장에게 한 번, 부장 앞에서 매장 담당자와 또 한 번, 같은 이야기를 세 번이나 하게 되는 것이다. 마치 경찰에 붙들린 죄인처럼 같은 말을 반복해야만 된다.

이런 쓸데없는 짓이 깔려 있는 데에 돈벌이에 서툰 일본 상술 특유의 '낭비'가 있다.

80
여자를 최대한으로 활용하라

우리 회사 사원의 반수는 여사원이다. 여사원이라고 해서 차(茶) 심부름만 시키는 것은 아니다. 남자 사원과 마찬가지로 상품 매입을 위해 해외에 출장도 보낸다. 고참 사원은 물론 입사한 지 얼마 안 되는 여자 사원도 해외출장을 시키는 경우가 있다.

여자는 대체로 '외국'에 관해선 약하니까 해외출장이라면 덮어놓고 좋아한다. 저쪽의 유대인도 일본 여성이라면 기뻐하며 친절히 대해 준다.

"그놈들이 우쭐거리며 좋아하거든 마음껏 값을 깎아서 사 와."

나는 이렇게 말하면서 전송한다. 국내에서 바겐세일은 하지 않을 것이니까 값을 깎을 대로 깎아서 사오면 그만큼 이익은 커지는 것이다. 여자 '바이어(buyer)'란 남자에 비해 훨씬 유리한 점이 많다. 첫째, 술을 마시지 않는다. 그 중에는 예외도 있지만 술을 좋아하는 여자는 그리 많지 않을 뿐만 아니라 술을 마셨기 때문에 실패했다는 경우는 거의 없다. 둘째, 사람을 사지 않는다. 남자는 해외에 나가면 상품 구입보다도 먼저 여자를 사고 싶어 하기 때문에 아무래도 일에 등한해지게 마련이다. 여자는 해외에 나가 남자에게 눈이 뒤집히는 일은 없다. 셋째, 여자는 일에 충실하다. 해외여행을 하게 해준 '사장'에게는 특히 충실하여 배신하는 일이 없다. 유대 상술에 있어서 여자는 최대의 고객이지만 동시에 최대의 파트너이기도 하다. 여자는 최대한으로 활용해야 한다.

81
대기업은 바보인가

M상사는 맥그리거의 에이전트로서 글러브를 수입하고 나는 총판을 맡아 판매에 나서기로 낙착되었다.

첫 해에, 나는 20만 달러어치를 샀다. 그러니까 브라운즈 위크는 다음 해에는 40만 달러어치를 사라고 말해 왔다. 나는 샀다. 그 다음 해에는 80만 달러어치를 사라고 했다.

나는 OK라고 대답했으나 이 다음 해에는 백만 달러어치로 그치겠다고 다짐했다. 나 자신이 에이전트를 한다면 더 팔 자신이 있었지만 M상사가 에이전트인 이상 재미가 없었다. 80만 달러의 다음에는 160만 달러어치를 사라고 해 올 것이 뻔했다.

나는 M상사의 시카고 지점장에게 대리점을 내가 할 수 있도록 해달라고 부탁했지만 거절당했다.

다음해, 브라운즈 위크는 맥그리거를 160만 달러어치 사라고 말해 왔다. M상사는 내가 백만까지만 산다는 것을 알고 있었으므로 160만 달러는 무리라고 답신(答信)을 보냈다.

"OK, 그렇다면 인제는 M상사와 후지다 상점의 연합군은 필요 없다. 굿바이."

브라운즈 위크는 그때까지 일본에서 맥그리거를 판 공적 같은 것은 돌아보지도 않고 우리들과의 거래를 끊어 버렸다. 그리고 브라운즈 위크의 가게를 일본에 세우고 직접 판매에 나섰다. 나는 M상사가 바보였기에 브라운즈 위크와의 거래가 중단되었다고 생각한다. 나 혼자서 한다면 할 수 있다는 자신이 있었다.

그후 맥그리거의 매니저가 PGA에 트레이드(trade)된 것을 기회로 나는 PGA를 취급하게 되었고, 자신이 골프에 열중하는 대신에 스기모도를 일본 제일의 프로 골퍼로 키웠다. 스기모도는 후지다 상점의 정식 사원이다.

그러나 이 맥그리거의 일 이후, 나는 대기업일수록 바보가 많다고 생각하게 되었다. 대기업의 사원은 자기의 힘을 과대평가하고 타인을 과소평가한다. 그러므로 그것이 무엇보다도 바보스러운 허점이다.

82
어리석음

인간의 우매함을 지적하는 격언이 있다.

체르므라는 마을은 어디서나 볼 수 있는 작은 동네였는데 이 마을엔 커다란 문제가 있었다. 체르므 마을 진입로는 절벽으로 이어진 좁고 꾸불꾸불하고 위험한 길이었다. 그래서 마을 사람들이 종종 떨어져 부상을 입었다. 그 때문에 마을 장로들이 모여 의론을 했다. 주야로 토론하여 사바스의 날이 가까울 무렵에야 겨우 내린 결론은 절벽 밑에 병원을 짓기로 한 것이다. 이 얼마나 미련한 대안인가. 부질없는 토론은 아무리 오래 논해도 무익하다는 교훈이다. 유대 격언에는 우매함을 주제로 한 것이 많다.

* 미련한 자는 1시간에 현자가 1년 걸려서도 대답할 수 없는 질문을 한다.
* 메시아가 왔을 때 그는 병자들을 고쳐 주었다. 그렇지만 어리석은 자를 어진 자로 고치진 못했다.
* 현자는 어리석은 자한테서 교훈을 얻어낼 수 있지만 어리석은 자는 현자한테서 교훈을 끌어내지 못한다.
* 어리석은 자를 가르친다는 것은 구멍 난 주전자에 물을 부어 채우려는 것과 같다.
* 어리석은 자라도 침묵을 지키고 있으면 성인처럼 보인다.

83
돈과 여자는 같다

돈 버는 재주가 없는 사람은 한평생 돈과 인연이 없지만 돈벌이를 잘하는 사람은 인기 있는 남자에게 여자가 옆걸음질로 달라붙는 것처럼 돈이 옆걸음질로 들어온다. 일본인은 외국에 가면 돈을 내고 외국 여자를 사고 싶어 한다.

"백 달러 내면 좋은 여자가 오는가? 만약 백 달러로 별로 좋은 여자가 아니라면 2백 달러를 내도 좋다."

이런 말을 한다. 이건 정말 바보 같은 사람이라고 생각한다. 돈을 내고 사는 여자 중에 좋은 여자가 있을 턱이 없다. 일본의 경우를 생각해 보면 안다.

돈으로 잠을 잘 수 있는 여자는 1만 엔이나 2만 엔을 주어도 신통치 않다. 그런데도 외국에 가면 돈만 많이 주면 좋은 여자가 올 것이라고 착각하는 것이 한심하다. 진짜 좋은 여자는 일본에서도 외국에서도 공짜로 손에 넣을 수 있다.

공짜 여자를 노리는 게 기술이다. 다만 공짜 여자를 노리자면 손짓으로는 아무리 해도 성공 가능성이 없다. 여자를 꾀는 데는 어학에 뛰어나지 않으면 안 된다. 원숭이 말밖에 지껄이지 못한다면 원숭이가 양복을 입은 것이나 마찬가지이다.

최저 3개 국어를 말할 수 없다면 아무것도 노리지 말라. 그런 실력이 없으면 외국의 좋은 여자를 마음대로 손에 넣을 수는 없을 것이다. 돈과 여자는 똑같다.

여자를 손에 넣자면 돈을 이쪽에서 뒤쫓듯이 하는 것이 아니고 돈이 굴러 들어오듯 여자가 따라오게 해야 한다. 그 요령을 터득하게 되면 모든 것은 쉽다. 그때는 반드시 돈도 벌 수 있다.

84
비누7장, 못1개, 성냥2,000개비

사람은 뭣으로 해서 인간이 되는 걸까?

우리 인간은 개구리보다는 원숭이에 가깝다. 인간은 동물이며 앞으로도 계속 동물에 속할 것이다. 그러나 이것만으로 인간이 전부 설명되었다고 할 수는 없다. 그럼 도대체 인간이란 뭣인가를 생각해 보자.

때로는 이런 것을 생각해 봐도 도움이 된다. 의학적으로 보면 인간은 여러 부분으로 되어 있다. 그래도 이런 방법으로 인간을 설명하기에는 불충분하다.

이것으로는 동물과 전혀 다름이 없다는 결론이 된다. 다른 한편으로 인간은 신의 형상대로 만들어졌다고 성서에 기록되어 있다. 그러면 그 몇 가지를 들어보기로 하자. 〈엔사이클로피디아 브리태니커〉〈대영백과사전〉에는 이렇게 인간을 정의하고 있다.

'인간은 될 수 있는 한 안락을 구하고 되도록 노력을 줄이려는 동물이다'

이것도 일면의 진리를 말하고는 있다. 그러나 인간이란 그것만의 존재는 아닐 것이다.

나치스가 대두하기 전의 독일에서는 다음과 같은 말이 있었다. 이 이상 인간을 '물건'으로 생각하는 몰인간적인 발상은 없을 것이다.

'인간의 몸은 비누 7개 만드는 데 필요한 지방을 지니고 있으며 또 1개의 못을 만드는 철분을 함유하고 있다. 그리고 인간의 몸에는 2,000개비의 성냥을 만들 정도의 인이 있다.'

나치스는 유대인을 강제수용소에 가두고 대량 살육해서 인체로부터 실제로 비누나 성냥을 만들었다. 이와 같이 인간에 대해서는 여러 설명이 가능하다. 의학적인 것이나 인간의 행동양식을 척도로 하여 설명할 수 있다. 그러나 이것만으로는 인간의 존엄성을 설명할 수가 없다. 과학만 가지고는 인간을 측정할 수 없는 것이다.

인간은 동물과 비슷하나 전혀 다르다. 지상에서 신과 닮은 단 하나의 생물이다. 그러므로 자기를 물질적인 척도만으로 잴 수 없는 것과 같이 세계를 물질적인 척도만으로도 재어서는 안 될 것이다.

제 6 장

자기와 무관한 것을 팔아라

유대 상술의 키 포인트

유대 상술에 있어서 제1의 상품은 '여자'이고 제2의 상품은 '입'이라는 것을 강조해 왔다. 햄버거는 '입'을 노린 상품이다. 그 입도 '여자의 입'을 노린 상품이다. 유대 상술 4천 년의 공리가 "여자와 입을 노려라"라고 가르치고 있는 이상, 정석을 지킨 나의 상술은 반드시 맞아 떨어져야만 할 것이다. 그 결과 앞에서 말한 바와 같이 굉장한 매상을 올렸다.

85
우선 팔고 본다

쉬우면서도 수익성이 높은 장사를 노리는 유대 상인은 현금 활용을 잘 한다. 말하자면 돈 장사보다 쉬운 장사는 없다는 것이다. 돈을 굴리는 데는 물품을 발주하고 납기나 품질에 신경을 쓰는 등의 수고가 필요 없기 때문이다. 가장 간단한 장사이면서도 이마에 땀 한 방울 흘릴 필요가 없다.

'돈'이 상품으로 이익을 가장 많이 가져다주는 기회는 통화 가치가 변동하는 때이다. 돈이란 언제나 형통하는 이익 상품이 아니기 때문에 그 활용 시기가 매우 중요하다.

"미스터 후지다, 엔 절상은 언제쯤 될 것 같은가?"

전화로나 일본에 온 유대인이 사무실에 들러 태연한 척하며 은근히 집요하게 그런 질문을 하게 된 것은 1971년 초였다.

8월 16일 닉슨 대통령의 달러 방위 성명에 반년 이상 앞서서 유대인은 20세기 최대의 돈벌이를 노리면서 '엔'에 공격 목표로 맞추고 있었던 것이다.

무엇인가를 노렸을 때, 우선 '사는 사람'은 아마추어이다. 프로는 '팔아 버린다'. 팔아서 돈을 번다. 장사는 '팔기'와 '사기'에 의해 성립된다. 그런데 사는 편보다는 파는 편이 훨씬 이익 폭이 넓다.

'엔'에 눈독을 들인 유대 상인은 벌써 그때부터 엔 절상을 알고 아무도 모르게 '달러'를 일본에 팔기 시작했다. 그들은 일본의 엄중한 외환관리 체제의 그물을 교묘하게 뚫고 달러를 조용히, 그리고 확실하게 일본에 상륙시키기 시작하고 있었다. 그 증거를 숫자로 정리하면 이렇다.

대장성(재무부)에서 조사한 자료에 의하면 근면한 일본인이 전후(戰後) 25년이나 걸려 피와 땀으로 쌓아올린 외화 준비액이 1971년 8월까지 겨우 35억 달러(일화 1조 2천 6백억 엔)에 불과했다.

그런데 1970년 10월부터 국제수지가 흑자를 보이기 시작, 보유 외화는 증가 일로를 걷기 시작했다. 월 2억 달러 정도의 흑자는 무역 호조 등의 결과라고 그대로 받아들일 수도 있으니 적어도 10월, 11월에는 유대인의 '달러 팔기'는 없었던 것으로 보아도 좋다. 12월에는 4억 달러 증가인데 이것은 연말이라는 특수성을 생각하여 제외한다면 1971년 1월까지는 아직 당황할 상태는 아니었다.

이변(異變)은 2월 이후에 일어났다. 2월 이후의 변화를 보면, 2월에 3억 달러, 3월에는 6억 달러로 이상하게 달러가 증가하기 시작, 5월에는 12억 달러나 불어나서, 1971년 8월의 보유고인 35억 달러의 약 2배에 달하는 69억 달러를 기록하고 있었다.

상식으로 생각해 보자면 전후 25년에 걸쳐 힘겹게 모은 외화와 같은 액수가 불과 9개월 만에 모인다는 것은 이상하다고 하지 않을 수 없다. 정책적으로 수출을 진흥하고 트랜지스터가 해외에서 폭발적으로 팔리고 제아무리 국산 컬러텔레비전이나 자동차가 팔렸다 하더라도 짧은 9개월 동안에 25년간의 실적에 맞먹는 이익이 될 까닭이 없다.

이 점에 유의를 한다면

"이것은 일본인이 근면하다는 증거이다. 일본인은 일하기를 좋아하기 때문에 외화가 모이는 것은 당연하다"라는 따위의 어설픈 변명은 할 수 없을 것이다.

당시 저널리즘의 논평을 비롯해 정부나 관청의 견해도 일본인이 매우 근면하다고 자화자찬하고 있었다. 그러므로 그 현상이 이상하다고 의문을 품는 자가 저널리스트나 공무원 중에는 한 사람도 없었다는 것이 된다.

이것만 보아도 일본인이 얼마나 국제 감각에 뒤떨어져 있었는가를 알 수 있는 큰 증거가 될 것이다. 나는 어이없다기보다 오히려 그런 일본인을 보고 슬퍼질 따름이었다.

하루 바삐 일본인에게 햄버거를 먹게 하여 세계에 적응하는 금발이 되게 하지 않으면 안 되겠다는 사명감에 사로잡히게 됐다. 외국 상인을 기쁘게 해주기 위해 엔을 키우는 것은 소용이 없다.

86
손해 안 보는 상술

1971년 5월, 외화 준비고가 69억 달러나 되었을 때 나는 가까운 장래에 외화 준비고가 1백억 달러에 달할 것이고 그렇게 되면 좋건 싫건 간에 엔 절상을 할 수밖에 없을 것이라고 전망했다.

나는 곧 회사의 인사교류를 단행하여 수출과의 매니저와 어시스턴트 매니저, 그리고 타이피스트 셋만 남기고 다른 사원은 전원 수입과로 돌렸다. 세 사람만 남긴 것은 나 나름의 생각이 있어서였는데 그에 관해서는 다음에 언급하기로 한다.

그것은 어떻든 일본은 호경기에 들떴고, 수출은 원하기만 하면 얼마든지 거래가 성립되는 그런 시기였다. 그런 만큼 나의 무리한 인사교류는 사원들로부터 굉장한 비난을 받았다. 나는 수출과에 "이후의 수출업무는 아주 줄인 몇 개 품목만으로 하고 그 밖의 것은 전부 중지하라"고 지시했다.

"사장님, 엔 절상이 결정된 것도 아니고 있을지 없을지도 잘 모르면서 덮어놓고……."

"사장님, 돈 버는 일을 빤히 보면서 그만두라고 말씀하십니까?"

우수한 사원들이 어처구니없다는 듯이 나에게 항의했다.

"돈벌이는 놓쳐 버려도 돼. 그러나 손해 보기는 싫어. 지금 수출 주문을 받으면 반드시 크게 손해 보게 돼."

나는 이렇게 말하면서 사원의 항의를 일축해 버렸다. 동업자들로부터 반 놀림의 전화를 받은 것도 그 무렵이다.

"당신이 수출을 중지한 덕택으로 우리는 5백만 달러어치 주문을 받아 크게 벌게 됐네. 너무 기분 나쁘게 생각하지 않도록……."

그때 나는 이렇게 충고했다.

"이제 우리로서는 어떻게 컨트롤할 수도 없는 힘에 눌려서 큰 손해 보게 될 걸."

그런데 그때마다, "또 그런 꿈같은 이야기를 한다"고 비웃음을 당하는 것이 고작이었다. 거래 은행으로부터도 문의가 왔다.

"왜 수출을 그만두었지요?"

"왜냐고 했지만 앞으로 세상이 바뀐단 말이오."

은행도 도깨비한테 홀린 얼굴을 했다. 그러나 나는 숫자만을 믿고 있었다. 숫자는 결코 거짓말을 하지 않는다.

6월에 들어서자 6억 달러가 더 불어서 외화 준비고는 75억 달러에 달했다. 바야흐로 비바람은 가까워졌다. 나는 나의 전망이 틀리지 않음을 확신했다.

그와 동시에 유대인으로부터 "일본에 달러를 팔고 있다"는 말이 심심찮게 들려왔다. 이상한 외화 준비고의 증가는 역시 유대인의 '달러 팔기' 때문이었다.

7월에 들어서자 외화 준비고는 79억 달러를 기록했다. 겨우 2개월에 10억 달러나 늘어난 것이다.

유대인들은 국제전화로 일본의 외환시장이 열리고 있는지 어떤지를 문의해 오기 시작했다.

"아직 열리고 있다."

"정말이야? 거짓말은 아니겠지. 정말로 열리고 있는가?"

외환시장이 열리고 있다는 것을 확인하자 유대인들은 입을 모아 놀랐다는 것인지, 알 수 없다는 것인지 모를 소리를 했다.

시카고에서 돼지를 7백만 마리나 기르고 있는 어떤 유대인은 더욱 노골적이었다.

"이건 찬스다. 돼지 7백만 마리를 파는 것보다 몇 천만 달러쯤 달러를 팔아 버는 편이 훨씬 낫겠다. 엔 절상의 정확한 날짜를 가르쳐준다면 번 돈의 반을 주겠다."

"노 댕큐!"

나는 입술을 꼭 깨물고 굴욕을 견디었다. 일본을 유대 패거리들이 달려들어 저마다 뜯어먹고 있었다. 정부는 무엇을 하고 있는가? 무엇을 바라보기만 하는가?

나는 유대인 친구들로부터도, 외국 은행계통으로부터도 달러를 팔도록 권유받았다. 그런 어드바이스가 없어도 달러를 팔면 틀림없이 돈을 벌 수 있다는 것쯤은 알고 있다. 수출부를 축소했을 무렵에 팔 수도 있었다. 나는 달러를 팔아서 돈을 벌 수 있는 유일한 일본인이었다고 자부하고 있었지만 달러를 팔아서 돈을 버는 일만은 할 수 없었다. 달러를 팔면 돈은 벌지만 일본은 손해를 입는 것이다. 나는 일본 돈을 벌어들일 것은 생각지 않는다. 유대인으로부터 벌어들이겠다는 것이 내 목표이다.

일확천금을 할 수 있는 모든 유혹에서 귀를 틀어막았다. 다만 꾹 참고 손해나 보지 않으려 했던 것뿐이었다. 나는 '긴자의 유대인'이라고 이름이 나 있긴 하지만, 2천 년 역사의 조국을 가진 사나이이다. 조국의 돈을 사욕으로 우려내는 일만은 할 수 없었다.

87
공직자의 무능은 큰 범죄이다

'닉슨 쇼크' 전후의 유대인의 '달러 팔기'는 광기에 가까웠다. '달러 팔기'는 현찰이다. 8월에는 전달보다 46억 달러가 많은 1백 20억 달러가 일본에 모였다. 드디어 한 달 동안 전후(戰後) 25년간에 모은 외화를 상회하는 달러가 일본으로 밀려들었다. 이만한 현찰을 자유로이 움직일 수 있는 사람은 유대인뿐이었다.

닉슨 성명 이후에도 달러를 사들이고, 외환시장을 폐쇄하려 하지 않고 고정 시세에 매달려 있는 일본을 보고, 친구인 유대인인 사무엘 골드슈타트씨는, "일본 정부는 낮잠을 자고 있는 게 아닌가? 일본은 녹는단 말이야" 하며 놀라워했다. 그러면서도 열심히 '달러 팔기'를 하고 있었다.

"상대는 회사가 아니고 일본 정부이다. 절대 위험하지는 않다. 파는 일뿐이다. 안심하고 파는 것이다."

이렇게 말한 유대인도 있었다.

"은행으로부터 달러를 빌려서 팔고 있단 말이야. 은행에 연간 1할의 이자를 지불하고도 남으니까."

유대인은 바보 같은 일본 정부에 감사하면서 달러를 팔아댔다. 그 사이 정부가 국회에서 한 답변이 걸작이다.

"외국인들이 투기 매각으로 벌게 해서는 결코 안 된다. 돈을 번 사람에게는 틀림없이 세금을 받겠다."

나는 묻고 싶다.

"유대인이라는 외국인이 판 것이 아니라면 어째서 이런 막대한 달러가 모아졌는가? 불과 1년 동안에 전후 25년간에 모은 외화의 약 4배에 가까운 달러가 어떻게 모아졌는가? 그리고 외국에서 살고 있는 유대인에게서 어떻게 세금을 부과하고 어떻게 세금을 징수하겠는가?"

이런 바보 같은 짓을 하는 정부에 세금을 내어 무엇 하겠는가 하는 생각이 들었다. 일본이 20세기 최대의 고난에 부딪쳐 있을 때 고위직 관리들은 무엇을 하고 있었는가?

그 자들은 골프를 치며 홀 인 원(hole in one)을 내면 '내 생애 최고의 날'이라며 즐기고 있었다는 것을 나는 확신을 가지고 말할 수 있다. 정치 같은 것은 잘 모르지만 만약 기업에서 사장이 골프를 즐기고 있는 동안 회사가 몇 천만 엔, 몇 천 억 엔의 손해를 보았다면 어떻게 될 것인가? 목을 매고 사원들에게 빌어도 모자랄 것이다.

모르긴 해도 이번 손실은 태평양전쟁 후 "국민 전체가 자제하지 못하고 잘못한 결과이니 국민 모두가 반성하자"는 논법으로 "이것은 우리 모두의 책임"이라면서 국민에게 중과세를 부담시킬 것은 명약관화한 일이었다.

국민에게 손해를 안겨주는 그런 정치가는 사라져야 한다. 그 따위 정치가들은 없어져도 나라는 어떻게든 되어 간다. 세금으로 공짜 밥을 먹일 필요는 없다. 도대체 이번의 손해를 어떻게 변상해 줄 것인가?

유대인은 1달러당 3백 60엔씩 팔고, 엔 절상으로 1달러당 3백 8엔이 된 현재 달러를 되사면 1달러당 52엔의 벌이가 된다. 반대로 일본은 1달러당 52엔의 손해를 보게 된다.

1달러당 3백 8엔이 된 손해 금액은 대략 4천 5백억 엔에 달한다. 국민 한 사람당 5천 엔에 가까운 손해를 감수하지 않으면 안 되는 것이다.

전매공사가 1년간 담배를 팔아 국민으로부터 벌어들인 전매 수익금 상당액이 '아차' 하는 순간에 사라져 버린 것이다

이러한 사태를 그저 팔짱만 끼고 보고 있던 자들이 바로 무능한 정치가라고 불리는 패들이다. 공직자의 '무능'은 큰 범죄이다.

88
불로소득

정부가 늑슨 성명 이후에도 외환시장을 열고 열심히 달러를 사들인 이면에는 "일본은 엄중한 외환관리 제도를 시행하고 있으므로 투기적인 '달러 팔기' 같은 것은 파고들 여지가 없다"고 대수롭지 않게 여긴 착각에 있다.

확실히, 일본은 외환관리 제도를 실시하고 있어 외국인이 투기 매각한 달러가 국내에 들어올 여지가 없어 보였다. 그러나 외환관리제도 아래에서는 있을 수 없는 투기매각이 현실적으로 행해졌고 그 때문에 대량의 현찰이 밀려들어왔다.

유대 상인들은 엄중한 외환관리의 법망(法網)을 뚫고 일본으로 달러를 가지고 들어오는 데에 일본의 법률을 교묘하게 역이용하는 수법을 썼다. 그들이 이용한 것은 일본이 취하고 있는 외화선수증제도(外貨先受證制度)였다. 이 제도는 제2차 대전 이후 달러가 필요했던 일본 정부가 고안해 낸 것인데, 수출계약을 맺었을 경우 내수금을 먼저 받도록 장려해 왔다. 다만 이 외화 선수에는 함정이 있었는데 그것은 취소가 가능하다는 점이었다.

이 외화 선수와 취소를 이용하면 폐쇄되어 있는 것과 다름없는 일본에서 당당하게 '달러 팔기'가 가능하게 된다.

앞에서 말한 바와 같이 장사에는 '파는 것'과 '사는 것'이 이루어짐으로써 비로소 상행위가 종료되고 이익이 발생된다. 달러를 팔아대는 것만으로는 유대인은 이익을 올리지 못한다. 이 달러를 되돌려 샀을 때 엔 절상으로 생긴 차액이 비로소 이익이 되는 것이다. 달러를 다시 사들인다는 것은 취소이다.

즉 유대 상인은 일본 수출업자와 계약을 맺음으로써 외화 선수를 완전히 이용하여 달러를 일본에 팔았던 것이다. 되사려면 일본의 수출업자와의 계약을 취소하면 된다. 계약할 당시에 선수로 1달러당 3백 60엔으로 달러를 내어주고, 취소하여 1달러당 3백 8엔으로 되사게 되면 차액인 52엔은 고스란히 순익이 된다.

일본 정부는 이 허점을 늑슨 성명 발표 후 10일 이상이나 지난 8월 27일에야 겨우 깨닫고 31일에 이르러 외화 선수 정지 명령을 내렸다. 그것도 전면 정지가 아니라 1일 1만 달러까지는 허용하고 1만 달러를 초과할 경우에는 일본 은행의 통제가 필요하다는 것이었다.

그 순간 신문들은 '외환시장은 초한산(超閑散)'이라는 기사로 보도했다. 당연한 일이다. 이미 이때는 유대인이 달러를 모두 팔아버리고 난 다음이었다. 일본 은행이 체크한다고 했을 때, 유대 상인은 누구 하나 '엔'을 취급하지 않게 되어 있었다.

'초한산'이란 것은 팔아 버린 달러를 얼마에 되사면 좋을까를 그들이 조용히 계산하고 있다는 것을 의미하는 것에 불과했다.

'외화 준비고가 2백억 달러를 돌파하게 되면 엔의 재절상은 틀림없다. 그렇게 되면 현재의 1달러당 308엔의 고정시세는 무너지고 1달러당 270엔이 된다. 그때 달러를 되사면 1달러당 다시 40엔의 순익이 붙는다.'

유대인은 이렇게 계산하고 있었던 것이다. 그래서 그들이 버는 만큼 국민은 울며 손해를 보고 일본 국민이 과중한 세금 부담에 몸부림치지 않으면 안 되게 되었던 것이다.

이 손실을 해결하는 방법이 없는 것도 아니다.

첫째, 취소의 경우 1달러당 360엔의 판 값으로 되사게 하는 것이다.

둘째, 종래 선수 후 1년 이내에 수출하지 않는 것은 거래를 무효로 했었는데, 이 경우도 1달러당 360엔의 판 값으로 되사도록 하는 것이다.

그런데 일본 정부는 어느 쪽도 실시하지 못했으니 국민이 8억 달러의 손실을 고스란히 뒤집어쓰게 되었다.

어떻든 1백 50억 달러라는, 이상하게 부풀어 오른 외화는 감소시키지 않으면 안 되었다. 현재 발행하고 있는 일본 은행권의 발행고는 5조 6천 8백 62억(1972년 3월 10일 현재). 150억 달러는 약 4조 5천억 엔, 즉 일본 은행권의 발행고에 가까운 외화가 일본에 흘러 들어와 있는 셈이다. 만일 달러 유입의 여파로 대량의 일본 은행권, 즉 엔이 국제시장에 나가 돌게 되면 일본 경제는 위험한 상태에 빠져 버린다. 본의는 아니지만 달러를 줄여야 한다는 이유가 여기에도 있다.

달러를 줄이게 되면 어떻게 될 것인가? 수출업자를 국적(國賊)으로 취급하고 있던 정부는 또다시 태도를 일변하여 다시 수출 진흥을 부르짖게 될 것이다. 내가 회사 내의 수출부에 세 사람만 남겨 둔 것도 그때를 대비하기 위해서였다. 수출을 재개하기 위해서는 불씨를 꺼버릴 수 없었다.

그 때문에 나는 1년에 백억 달러 정도의 수출을 계속하고 있다. 16.88%의 대폭적인 엔 절상으로 연간 70만 달러의 손실을 보게 된다. 그러나 내가 주력을 둔 수입 부문은 그것만큼 남는다. 이것을 계산하면 남는 쪽이 컸다.

불쌍한 사람은 수출업자들이었다. 내가 수출을 중단하자 대량주문이 들어왔다고 좋아하던 수출업자들이 지금은 한숨만 쉬고 있다.

미국의 바이어로부터는 당초 10퍼센트의 과징금 절반을 내라는 강요를 받았다. 거기에다 엔 절상이 되면 그것만큼 손실을 각오하지 않으면 안 된다. 취소라도 당하게 되면 발주선(發注先)인 국내의 업자로부터는 물품을 인수하든가 대금을 지불하든가 하라는 소송을 받게 된다. 국제전화로 미국의 바이어와 교섭하게 되면 전화 요금만 물게 된다.

"수입은 위험, 안전하고 확실하게 돈을 벌 수 있는 건 수출뿐."

이렇게 지껄이면서 자기 세상인 양 호황을 누리던 수출업의 수뇌들에게는 미안하지만 '불쌍하다'고밖에 할 수 없다.

우수한 브레인을 모아둔 대장성(大藏省)이 앞서 내가 말한 바와 같은 단순한 숫자도 파악하지 못하였다니 정말 거짓말 같은 사실이며 그들이야말로 공무원 자격조차 없다고 하지 않을 수 없다.

또 달러 유입을 이상이라고 생각하지 못하고 외화가 늘었다고 좋아하던 것도 모두 섬나라 민족 일본의 외국에 대한 강박관념의 소산이라고 볼 수 있다.

89

두 번 기회를 노려라

엔 절상으로 단물을 빨아먹은 유대인은 2년 이내에 또다시 엔을 노릴 것이다. 한 번 더 엔 절상을 밀고 올 것이 틀림없다. 어물어물하다가는 일본은 또 지난번과 같은 우를 범하고 두 번째의 엔 절상을 하게 되어, 유대인에게 또 돈벌이를 시키게 될지도 모른다. 인간은 어떻게 된 셈인지 같은 잘못을 두 번 다시 저지르지 않겠다고 하면서도 또 거듭한다. 특히 국제 감각이 모자라는 일본으로서는 여간 정신 차리지 않으면 지난 번과 똑같은 실수를 거듭하게 될 것이다.

전후(戰後), 일본이 1달러당 360엔인 데 비해 오랫동안 한국은 1달러당 270원이었다. 본래 이것은 반대로 되어야 할 것이었는데 미국의 정책에 따라 그렇게 정해져 버렸던 것이다. 그후, 한국은 '원 절하'를 하여 당시 1달러당 380원이 되어 있었다. 나는 엔의 재절상으로 이전의 한국의 '원'과 거의 같은 1달러당 270엔 정도로 되지 않을까 생각하고 있었다. 그런데 이번의 엔 절상은 16.88퍼센트 절상되어 1달러당 308엔이 되었다.

상하 변동 폭은 각 2.25%, 엔의 상한(上限)은 301엔 7센, 하한은 314엔 93센으로 결정되었는데 아직도 30엔 가까운 여유가 있다. 그런 만큼 유대인이 가까운 장래에 1달러당 270엔의 엔 재절상을 노려, 일본은 또다시 격렬한 '달러 팔기'에 말려들게 되리라 고 충분히 짐작된다. 다시 한 번 엔 절상은 온다. 그렇게 생각하고 마음을 가다듬어야 한다. 유대인은 한 번 맛본 기회는 다음에도 놓치지 않고 그 기회를 노린다.

90
공도(公道)를 활용하라

1971년 7월 20일, 나와 미국 최대의 햄버거 체인인 맥도널드가 50대 50으로 출자하여 내가 대표이사 사장에 취임한 후 니홍 맥도널드사는 긴자에 있는 미쓰고시 백화점 1층에 50평방미터의 햄버거 판매장을 열었다.

당초 미쓰고시 측의 계산으로는 햄버거의 매상이 하루 15만 엔, 잘 되면 20만 엔 정도 되리라 예상했다. 그러나 나는 하루 4천 개쯤은 줄잡아 팔리라고 생각했다. 그러면 1개 80엔이니까 4천 개이면 32만 엔, 끝 수는 떼어 버리고 하루 30만 엔 어치는 팔릴 것이라는 것이 나의 예상이었다.

그런데 막상 뚜껑을 열고 나서 깜짝 놀랐다. 하루 30만 엔이 아니라 100만 엔의 매상을 기록한 것이다. 실제의 매상은 나의 예상을 훨씬 넘어 버린 것이다. 그것도 첫 날만이 아니라 연일 그렇게 팔렸다. 그 매상액의 굉장함을 구체적으로 적으면 이렇다.

손님은 하루에 만 명 이상이나 되었으며 햄버거와 같이 콜라만도 하루에 6천 병이나 팔렸다. 그때까지는 도쿄에서 코카콜라가 가장 많이 나가는 곳은 도요시마엥 유원지였는데 그것을 훨씬 앞질러 버렸다.

그런 호황 때문에 '코넬리어스 400'이라는 신형 기계가 연기를 뿜으며 망가져 버렸으며 출납계에서는 스웨덴제 '스웨이더'라는 세계 최고의 현금 계산기가 고장 나고 말았다.

미국에서 가져온 제빙기가 얼음을 만들어낼 수 없게 되어 이것 역시 망가져 버렸다. '쉐이크 머신'도 망가졌다.

모든 기계가 모조리 고장이 나고 만 것이다. 그렇다고 해서 몽둥이로 두들긴 것도 아니고 일부러 난폭하게 취급한 것도 아니다. 너무 많이 팔려서 기계 능력의 한계를 넘어선 것이다.

스웨이더라는 현금계산기는 절대로 고장이 나지 않는 기계로 정평이 있다고 해서 나는 가게에 갖다 놓았는데 개점되기가 무섭게 이 꼴이 된 것이다. 수리하기 위해 달려온 서비스 맨은 판매장을 보고 입을 벌렸다.

"일본에서 가장 심하게 쓰는 데는 슈퍼마켓인데, 거기서는 5초에 1회 썼는데도 아무렇지 않았습니다. 그런데 여기서는 2.5초에 1회를 쓰고 있습니다. 이렇게 쓰게 되면 '오버 히트'라는 게 당연합니다.

제빙기는 줄을 이어 달려드는 손님 때문에 제빙실을 닫을 사이가 없어 결국 못 쓰게 되어 버렸다.

"이봐, 난 이런 뜨거운 코카콜라를 처음 마셔 보는데……."

친구로부터 이런 놀림을 받은 것도 이때였다.

대체로 50평방미터 정도의 레스토랑이면 1년 매상이 1천만 엔에서 1천 5백만 엔 정도이다. 나는 이대로 간다면 연간 3천은 가볍게 올릴 수 있다고 계산할 수 있었다.

이만한 손님이 들끓으면 자리에 앉아 먹을 수도 없게 된다. 겨우 50평방미터의 가게에 줄을 이어 살 사람이 쇄도하는 것이다. 다행스럽게도 미쓰고시백화점 앞은 천하의 공도(公道)이다. 햄버거를 한 손에 들고 미쓰고시로부터 밀려난 사람들은 이 공공 도로에서 햄버거를 먹기 시작했다.

특히 일요일 같은 날은 보행인 천국이 되어 긴자 미쓰고 백화점 앞 국도(國道) 1호선에 차가 없는 날이다. 그러니 천하의 공도는 맥도널드의 햄버거 레스토랑으로 일변된다. 일본 최고의 땅 값을 지닌 긴자의 넓은 땅을 한 푼의 권리금도 지불하지 않고 자기의 점포로 활용하고, 거기다 매상이 하루 백만 엔이고 보면 유쾌함을 넘어서 춤이라도 추고 싶을 정도이다.

나는 이런 가게를 전국에 5백 개쯤 만들 작정이다. 5백 점포가 되는 날에는 일본의 레스토랑의 지도는 크게 색칠을 달리하게 될 것이다. 생각만 해도 즐거운 일이다.

91
두뇌는 유연성 있게 활용

내가 햄버거를 팔겠다고 말을 꺼냈을 때, 뭇 사람들로부터 실로 가지각색의 어드바이스를 받았다.

"일본인은 쌀과 생선을 먹는 국민이니, 빵과 고기로 만든 햄버거 같은 것은 팔리지 않을 것일세."

처음부터 이렇게 말하면서 말리는 사람도 있었다.

"맛을 일본인에게 맞게 하지 않으면 안 될걸."

이렇게 말해주는 사람도 있었다.

그러나 나는 햄버거가 유대 상술에 있어서의 '제2의 상품'이라는 것을 잘 알고 있었고, 제2의 상품은 틀림없이 팔린다는 것도 믿고 있었다.

쌀 소비량이 해마다 감소하고 있다는 것도 숫자로 나타나 있다. 시대는 변하고 있다. 쌀과 생선을 먹는 일본인에게도 빵과 고기의 햄버거는 반드시 팔린다는 그런 자신이 생겼다.

또 일본인이 좋아하는 맛으로 바꾸는 것이 좋다는 고마운 충고에도 귀를 기울이지 않았다. 공연히 서투르게 손을 댔다가 제대로 팔리지 않을 경우엔 네가 맛을 못 쓰게 했기 때문에 팔리지 않는다고 비난받을 것이 뻔했기 때문이다. 나는 맛도 변경하지 않겠다고 결정했다.

나는 7월 20일, 긴자 미쓰고시에서 개점하기로 정해지자 곧 시내의 터미널에 있는 어느 백화점의 식품부장을 만났다. 그 식품 부장은 나의 선배이다.

"이 터미널은 제가 전부터 관심을 갖고 있던 장소입니다. 여기서 햄버거를 팔게 해줄 수 없습니까?"

이렇게 부탁하자,

"바보 같은 소리 작작 하게. 햄버거 같은 빵에 털이 난 것 같은 것을 팔기 위해, 우리의 귀중한 플로어를 빌려줄 수는 없지 않은가."

선배는 도무지 상대해 주지 않았다.

그 선배가 새파랗게 질린 얼굴을 하고 나에게 달려온 것은, 햄버거가 긴자에서 폭발적으로 팔리고 있다는 것을 알고 난 다음이었다.

"후지다 군, 어떻게 안 될까?"

"어떻게 할 수 없군요. 선배님에게 거절당하고 저는 곧 신주꾸 역전의 니코백화점에 이야기를 해서 그 안에 햄버거 가게를 내기로 결정해 버렸습니다."

사실 니코에서는 1971년 9월 13일에 햄버거 판매장을 개업했는데, 여기에서도 젊은이 중심으로 잘 팔리고 있다.

학생이 잘 다니는 학생가(街)의 여러 곳에 가게를 내어, 모두 쾌조로 매상고를 늘리고 있다.

'햄버거는 팔린다'는 선견지명이 없었던 선배가 나에게 진 것이다. 그리고 그러한 선견지명은 기존관념에 사로잡혀 있는 사람은 절대로 갖출 수 없다고 할 수 있다.

일본인은 쌀을 먹는다는 기존관념이 이 선배의 전망을 완전히 뒤틀리게 했다고 할 수 있다.

이에 비해서 미쓰고 백화점에서는 선견지명이 있었다. 바다에서 나는 것인지 산에서 나는 것인지 정체도 알 수 없는 햄버거에, 전통 있는 백화점의 처마를 빌려준 것은 마쓰다 사장 및 오카다 전무의 역사에 남을 큰 영단이라고 해야 할 것이다. 또 미쓰고시는 햄버거를 팔게 됨으로써, 세계 여러 나라 사람들과 친한 백화점이 될 수 있었다.

선견지명에 이어지는 첩경은 머릿속을 언제나 평안하게 해두고 기존관념을 과감히 밀어내는 것이기도 하다.

92

인간의 욕구를 찾아내라

하루에 80엔짜리 햄버거가 1만 개나 팔린다는 것은, 팔리는 시간에 '피크'가 없다는 것이다. 보통 식당에 있어서는 식사시간이라는 것이 있어 대혼잡을 이룬다. 그런데 햄버거에는 그러한 피크가 없다. 하루 종일 팔리고 있다. 즉 햄버거는 과자도 아니고 주식도 아닌 음식이면서 동시에 과자이기도 하고 식사이기도 한 음식인 것이다.

요즘에는 가족 동반으로 레스토랑 같은 데 가면 천 엔 한 장으로는 제대로 먹을 것이 없다. 그런데 맥도널드의 햄버거는 그만한 돈으로 먹게 되니, 맥도널드의 가게는 '패밀리 레스토랑'으로도 된다. 여기에도 햄버거가 폭발적으로 팔리는 이유가 있다.

그리고 햄버거는, 본능적으로 손에 무엇을 쥐고 먹고 싶어하는 인간의 욕구에 딱 맞는 음식이다. 자동차를 운전하면서 나이프나 포크를 사용할 수는 없지만 햄버거라면 손에 쥐고 먹을 수 있다. 일하면서 먹을 수 있다. 그러한 현대성을 지니고 있는 음식이기도 하다. 얼마 전에 어떤 잡지의 기획에 따라 평론가 한 사람과 대담을 했다.

"사람들은 어쩌면 신기하다는 생각을 하면서 햄버거를 먹을 것입니다."

"당신은 햄버거를 먹어 보셨습니까?"

"아직 먹어 보지 못했습니다."

"먹어 보지도 않고, 어쩐지 신기하다는 생각 때문에 사먹을 것이라고 말씀하시는 건 곤란합니다. 그렇게 맛있는 것은 달리 없습니다. 단순히 신기하다는 것으로 팔린다면 팔리는 것은 사흘쯤이고, 나흘째부터는 손님이 떨어질 것입니다."

나는 이렇게 말했다. 이를테면 정오경에는 OL들이 대량으로 사 가는데, 아가씨들은 깍쟁이여서 80엔이면 무척 싸다는 것을 알고 사러오는 것이다. 남자들은 여기에 끌려올 뿐인데, 그들은 비싼지 싼지 어림도 못 잡는다.

나는 햄버거가 팔리는 것은 여러 가지 요인이 전부 플러스로 작용하기 때문이라고 생각하고 있다. 그리고 그와 동시에 인간의 욕구를 정확하게 맞히고 유대 상술의 정석을 지키는 일이 그 얼마나 중요한가 새삼스럽게 느끼게 된다.

93
여자와 입을 노려라

유대 상술에 있어서 제1의 상품은 '여자'이고 제2의 상품은 '입'이라는 것을 강조해 왔다. 햄버거는 '입'을 노린 상품이다. 그 입도 '여자의 입'을 노린 상품이다. 나는 의식적으로 햄버거로 '여자'와 '입'을 함께 노렸던 것이다.

유대 상술 4천 년의 공리가 "여자와 입을 노려라"라고 가르치고 있는 이상, 정석을 지킨 나의 상술은 반드시 맞아 떨어져야만 할 것이다. 그 결과 앞에서 말한 바와 같이 굉장한 매상을 올렸다.

맥도널드 상술에 있어서는 일단 만든 햄버거는 7분이 경과하면 폐기해야 하는데, 만드는 대로 그 자리에서 팔리는 형편이니 폐기해야 될 햄버거가 있을 까닭이 없었다.

장사는 무슨 장사건 정석을 지키면 반드시 성공을 거둘 수 있는 것이다.

유대 4천 년의 공리는 상인인 이상 절대로 지킬 것은 지키리라고 생각한다.

여기서 오해가 없도록 몇 마디 보태두지 않으면 안될 일이 있다. 나는 전에 '조반 조변(早飯早便)'이라는 말을 가장 싫어한다고 했다.

식사는 천천히 호화스럽게 해야 한다고도 했다. 그런 내가 덤벙거리며 먹는 음식인 햄버거에 손을 댔다는 것은 말이 안 되지 않느냐 하는 반론이 있을 법이다.

사실 하루의 생존경쟁이 끝나고 해가 저물어 일에서 해방되었을 때는, 풍족한 식사를 천천히 하도록 해야 한다. 그러나 낮은 일하는 시간이다. 부지런히 일하고 저녁엔 풍족하게 식사하면 된다. 낮은 전장(戰場)과 같으니까 전장에 알맞은 식사를 해야 할 것이다. 즉 '비즈니스 식품'을 집어넣기만 하면 된다.

그 비즈니스 식품으로서는 맥도널드의 햄버거 같은 것이 가장 안성맞춤인 것이다.

그러므로 내가 호사스러운 식사를 마음껏 하도록 권하면서 한편 햄버거를 팔고 있는 것은 모순이 아니다.

94
자기와 무관한 것을 팔아라

자기가 지나치게 좋아하는 것을 가지고 장사를 시작하면 좀처럼 성공하기 어렵다.

예를 들어 고도구(古道具)를 좋아하는 사람이 골동품상을 하거나, 칼을 좋아하는 남자가 도검상을 하면 장사는 잘 되지 않는다. 대상이 자기가 좋아하는 것이기 때문에 팔기가 아깝고 거기에 매달리는 동안에 장사를 망치기 때문이다.

진짜 상인은 자기가 좋아하지 않는 것을 팔아야 한다. 자기가 싫어하는 것이니 어떻게 하면 팔 수 있을까를 열심히 생각하게 된다. 자기의 약점이니까 어떤 경우에는 필사적이 된다.

나는 전후 세대이다 보니 아직도 주식은 쌀이다. 햄버거 같은 빵은 좋아하지 않는다. 돌이켜 생각하면 내가 햄버거를 좋아하지 않았기 때문에 햄버거란 상품이야말로 나에게는 가장 알맞은 상품이라고 생각했던 것 같다.

나는 지금까지 여자들의 액세서리나 핸드백 등의 수입에 주력을 두어 왔다. "백화점은 1층에 액세서리와 핸드백을 두어야 한다."고 외치며, 전국에 360개나 되는 백화점의 1층에 액세서리와 핸드백 매점을 설치해 왔다.

나는 남자이므로 액세서리를 몸에 지니지도 않으며, 더구나 핸드백을 손에 들고 거리를 거닐 까닭이 없다. 그러니까 나는 그런 물품을 취급해온 것이다. 내가 남자인 이상 여성 용품을 상품으로서 냉정하게 바라보며 평가할 수 있기 때문이다.

어떤 사장은 이렇게 말했다.

"아무리 보아도 이만한 것이 80엔이라니 믿기 힘들다. 1백 그램에 2백엔이나 하는 고기이니 45그램을 쓰더라도 90엔이 되지 않는가. 그러니까 당신은 처음에는 손해를 보더라도 얼마 뒤에는 바가지를 씌울 속셈이구먼."

"나는 '긴자의 유대인'입니다. 처음부터 밑지는 장사를 하는 회사 같은 건 만들지 않습니다."

나는 이렇게 말하면서 웃었다. 맥도널드 상술에 있어서는 세금을 빼고 2할의 이익이 있어야 한다. 그만큼 남는 것이다. 또 이렇게 말하는 사람도 있었다.

"커피의 종이컵이 15엔이나 하니 남을 까닭이 없지 않느냐."

커피도 가게에서 팔고 있는데 50엔이다. 크림에서 설탕까지 전부 갖추어 50엔이니까 싸다. 그래서 그런 말을 듣게 된 것이다.

"국산 종이컵은 틀림없이 15엔 정도입니다. 그렇지만 미제는 한 개에 3엔 80센입니다. 나는 이것을 맥도널드에서 직접 수입하고 있으니 결코 손해 같은 건 보지 않습니다."

언제나 이렇게 대답하는 나는 손해 보는 장사는 하지 않는다. 그것이 나의 모토이다.

95
최상의 부는 어떤 것인가

출자금 50대 50, 사장 이하 전사원을 일본인으로 한다는 것을 조건으로 하는 '니홍 맥도널드'를 개점하기 위해 나는 제휴하고 있는 미국 맥도널드로부터 지도원 2명을 불렀다.

1972년 7월 20일, 긴자의 미쓰고시백화점에서 개점하는 날, 오전 7시 반에 나는 이 두 외국인의 전화에 단잠을 깼다.

"지금 가게 앞에 왔는데, 사원이 아직 한 사람도 없지 않소."

나는 순간 이 외국인들이 미친놈이 아닌가 생각되었다.

"미스터 후지다, 적어도 개점 세 시간 전에는 나와야 되지 않소, 들어갈래야 들어갈 수 없고 자물쇠를 부수고 들어갈 테니 양해하시오."

나는 그렇게 하라고 대답한 후 9시에 미쓰고시로 나갔다. 놀랍게도 가게는 먼지 하나 없이 깨끗이 정돈되어 있었다. 그들은 입으로만 하는 것이 아니라 행동으로 보여주었던 것이다.

"이렇게 하는 거야" 하듯이. 나는 약 1백 항목에 달하는 유대 상술을 열거하면서 때에 따라 그것을 알맞게 응용함으로써 유대 상술의 공리를 실행해 왔다.

햄버거 상술도 그렇다. 이렇게 하면 돈을 벌 수 있다는 본을 보여주기 위해 나 자신을 이 장(章)에 등장시켜 본 것이다.

맥도널드는 세계 각 곳에 2천 개의 '체인' 점포를 가지고 있다. 그 체인 점포들은 맥도널드 본사가 토지와 건물을 매입하여 내부를 개조하고 기계를 설치한 다음 1만 달러의 보증금을 납입한 사람에게 2할의 이익을 보장하여 영업을 하게 하는 점포가 대부분이다. 나도 전국에 5백 개 정도의 체인점을 만들 때는, 역시 그런 방법으로 전국으로 넓혀갈 생각이었다.

다만, 1만 달러— 3백만 엔 정도의 보증금 같은 것은 받아보았댔자 별 것 아니므로 보증금은 형식으로 10만 엔으로 하고, '탈(脫) 샐러리맨'을 진지하게 생각하고 있는 사람을 1백 명 가량 채용하면 어떨까 하는 구상을 했다.

그리고 채용한 사람들에게 유대 상술과 거액의 이익을 보장하고, 국제적 시야를 가진 새로운 '유대 상인'으로 만들어 보겠다는 것이 나의 생각이다.

96
반 유대주의

도쿄에도 나스미가세키 빌딩, 무역 회관, 게이오 프라자 호텔 등 초고층 빌딩이 들어섬으로써, 고층 시대를 맞이하고 있다. 그러나 세계에서 처음으로 마천루를 세운 민족이 유대인이라는 사실은 일본에서는 별로 알려져 있지 않은 것 같다. 이것은 역사의 아이러니라 하겠다.

유럽에서 유대인은 오랜 세월 동안 '게토'라는 유대인가(街) 이외에서의 거주는 허용되지 않았었다. 그리고 토지를 소유하는 것도 금지되어 있었다. 그러나 점차 중세에서 근세에 걸쳐 '게토'의 인구가 증가했기 때문에, 한정된 지역 내에서는 건물을 높일 수밖에 없었다. 그리하여 유럽에서는 '게토'에만 높은 건물이 들어서기 시작하였다.

유대인은 반유대주의의 박해 속에서 주위에 살고 있는 기독교도인 유럽인에 의해 집이 불타거나 재산을 몰수당하면서 중세에서 근세에 이르기까지 살아 왔다. 물론 오늘날에도 반유대주의는 분명히 살아 있다.

예를 들면 "미국의 월 스트리트는 유대인에 의해 지배되고 있다. 미국의 대통령 측근 또한 유대인들이 대부분 차지하고 있다. 따라서 유대인은 미국이라는 강대국을 지배함으로써 세계를 지배하려 하고 있다. 유대인은 국제적으로도 금융, 정치를 지배하기 위해 여러 가지 사악한 기관을 만들고 있다. 당신의 옆에도 눈에 보이지 않는 유대인의 손길이 뻗히고 있다"

는 등의 반(反) 유대관이 그것이다.

나치스에 의한 유대인의 학살은 결코 어느 날 갑자기 일어난 것이 아니다. 오랫동안 끊임없이 유럽에 팽배해 있던 반유대주의의 화약고에, 히틀러라는 사나이가 성냥불을 붙였을 뿐이다.

그러나 일본의 경우만은 유대인을 멸망시키려는 것이 아니라, 유대인이 이렇게 힘을 갖고 있다면 우리도 그들처럼 일하여, 그들과 마찬가지로 세계의 비즈니스를 지배해야겠다는 전향적인 자세를 갖고 있다. 그래서 일본인을 '아시아의 유대인'이라고 말하는지도 모르겠다.

이 책을 통하여 내가 다시 지적하고 있는 것처럼 일본인은 유대인과 비슷한 면이 많다. 물론 월 스트리트를 유대인이 지배하고 미국 대통령도 유대인이 마음대로 조종한다는 것은 그릇된 생각이며 사실과는 다르다.

유대인은 확실히 근면하고 교육 수준도 높기 때문에 미국에서 살고 있는 다른 민족에 비하면 유대인은 1인당 성공 비율이 대단히 높아 남들의 눈에 돋보이는 것이 사실이다. 그리고 유대인이 힘을 갖고 있지 않다고 말하면 잘못이겠지만 소수 민족이기 때문에 세계를 지배한다거나 강력한 민족이라고 말하는 것도 잘못이라고 하겠다.

97
탁월한 상술

일본에서는 유대인이 장사를 매우 잘한다고 알려져 있다. 제2차 세계대전 후 일본이 부흥기에 접어들었을 무렵에, 유대인 비즈니스맨이 일본에 와서 일본의 제품을 깎아서 샀다는 이야기도 과장해서 전해지고 있다.

그러나 깎아서 사는 것은 비즈니스의 한 방법이다. 누구나 되도록 싼값으로 사서, 되도록 비싼 값으로 팔고 싶어 한다. 이것은 유대인들에게서만 찾아볼 수 있는 것이 아니다. 한국이나 일본의 상점도 마찬가지이다. 남을 속이는 것과, 상담(商談)을 통하여 값을 깎는 것은 전혀 다르다. 쌍방의 합의에 의해 상담이 성립된 이상, 이것은 정당한 비즈니스 행위이다.

유대인만이 무자비하게 값을 깎는다고 말하는 것은, 역시 처음부터 악의와 편견을 갖고 보기 때문일 것이다.

개인적으로 말하면, 나는 상점에 들어가서 값을 깎는 것을 좋아하지 않는다. 유대인도 대다수가 물건 값을 깎는 것은 인간의 위엄에 관계되는 일이라거나, 시간 낭비라는 생각을 갖고 있다.

물론 이것은 비즈니스로서의 매매가 아니라, 소매점에서 물건을 사는 경우를 두고 하는 말이다.

그런데 값을 깎지 않고 물건을 사는 것, 바꿔 말해서 정가대로 물건을 파는 것을 생각해낸 것은 유대인이다. 백화점은 유대인이 미국에서 처음

세운 것인데, 그 특징은 상품을 정가대로 팔고, 모든 상품을 갖춘 상점이라는 데 있었다. 이 상법은 유대인이 생각해낸 것이며, 긴블, 메이시, 니만 마커스 등 미국의 대형 백화점은 모두가 유대인이 경영하고 있다.

이런 백화점은 미국에 이민해 온 유대인이 처음으로 손수레를 끌면서 거리에서 거리고 돌아다니면서 물건을 팔아서 모은 돈으로 세운 것이다. 한 대의 손수레 속에 여러 가지 상품을 실은 것처럼 한 지붕 아래 여러 가지 상품을 진열했다. 그리고 대량으로 상품을 구입하여 값을 싸게 팔 수 있었다.

백화점의 경우에서도 알 수 있는 것처럼 유대인은 새로운 분야를 개척하여 그때까지 없던 것을 만들어 나간다. 그 때문에 유대인을 나면서부터 '장사꾼'이라고도 하지만 결코 그렇지만은 않다. 뒤에서도 언급하겠지만, 유대인이 상인이 된 것은 그것밖에는 살 길이 없었기 때문이다.

오랫동안 유대인은 엄한 차별을 받아왔다. 중세 유럽에서는 유대인에게 허용된 세계는 비즈니스뿐이었다.

그런데도 경제적으로는 언제나 한계에 부딪치고는 했다. 상류사회와 어울리는 것이 허용되지 않고 클럽에도 참가하지 못하고 일류 골프코스의 회원이 되지도 못했다. 그래서 파이오니아(개척자)로서 새로운 영역을 개척해 나가지 않을 수 없었다.

예컨대 자동차 업계에서는 미국의 더지 형제, 프랑스의 헨리포드라고 불린 시트로앵은 유대인이었다. 그리고 뉴욕의 매디슨가의 광고 산업, 혹은 RCA를 비롯한 라디오·텔레비전 통신산업, 즉 오늘의 정보산업 분야를 유대인이 개척한 것도 그 때문이었다.

98
탈무드와 유대상술

《탈무드》에 랍비 라바의 다음과 같은 말이 있다.

인간이 죽어서 천국에 가면 먼저 천국 문에서 묻는 말은 "너는 장사를 정직하게 했느냐?"라는 것이라고 한다.

이것은 죽은 후의 첫 번째 질문이다. 신이 제일 처음에 너는 얼마나 기도했느냐, 너는 얼마나 자선을 했느냐, 얼마나 남을 도왔느냐가 아니라, "장사를 정직하게 했느냐?"라는 질문을 한다고 랍비들이 생각했다는 것은 매우 흥미 있는 일이다.

랍비 이스라엘 사만타는 《토라》와 《탈무드》를 비롯한 유대의 도덕의 가르침을, 일상생활에 더욱 많이 심으려는 운동을 일으킨 랍비로서 이름을 남기고 있다.

랍비는 소나 양을 요리하는 데 사용하는 칼을 정기적으로 점검해야 하는 것처럼, 비즈니스맨도 정직하게 장사를 하고 있는가도 살펴보아야 할 것이다(유대교의 계율에는, 도살이나 요리에는 랍비가 허용한 칼만 사용할 수 있다). 그래서 랍비는 '게토'의 상점을 돌아다보면서 상품의 중량, 크기, 품질, 가격 등을 조사했다. 이를테면 오늘의 소비자 운동의 선구자라고도 말할 수 있을 것이다.

《미드라쉬》에는 비즈니스를 언제나 정직하게 해나가면, 그것 자체가

'토라'(유대율법)의 세계를 실현할 수 있다는 대목이 나온다. 비즈니스를 부정하게 하는 사람은 '토라'를 어기는 자라고 경고하고 있다.

13세기의 위대한 랍비인 모세 벤 야곱은, 상인은 고객의 피부색깔, 종교를 불문하고, 파는 상품에 결함이 있으면 그 결함을 고객에게 미리 말하는 것이 유대의 계율이라고 가르쳤다.

그리고 또 한 사람의 유명한 랍비인 모세 이삭은, 양복을 만들고 남은 천을 고객에게 넘겨주는 양복점 주인, 품질이 좋은 가죽으로 구두를 만드는 구둣방 주인, 무게나 크기를 속이지 않는 정육점 주인은 내세에서 랍비보다 풍요로운 생활을 할 수 있다고 했다.

랍비인 솔로몬 하코엠은 화폐의 위조를 처벌하는 법률을 제정하는 것이 어떠냐는 상담을 받았을 때,

"그럴 필요가 없네. 상도의는 인간의 도덕 자체이며, 그것은 인간의 명예 문제이므로, 법률보다 명예 쪽이 인간에 대한 구속력이 훨씬 강하므로 그럴 필요가 없네."

라고 했다.

어느 사회에나 교활한 자나 악한 자는 있게 마련이다. 유대인 사회도 예외는 아니다. 그러나 세계의 어느 민족을 놓고 보아도, 그들만큼 오랜 역사를 통하여 상도덕을 강조한 민족은 없을 것이다. 일본인들에게 신사도가 있는 것처럼 유대인에게는 비즈니스도(道)가 있다.

나는 때때로 동남아시아를 여행한다. 필리핀에 갔을 때에도, 많은 필리핀 사람들이 "유대의 비즈니스맨은 대단히 교활하여 물건 값을 깎아요. 유대인은 틀림없이 나쁜 놈일 거예요. 그런데 당신은 어째서 유대인을 좋아하지요?"라는 질문을 자주 받았다.

물론 유대인 비즈니스맨 중에도 나라 밖에 나가면 오해를 받거나, 또 실제로 정직한 비즈니스답지 않은 행위를 하는 사람도 있을 것이다. 그렇

다고 해서 유대의 비즈니스맨이 나쁘다고 도매금으로 말할 수는 없는 일이다.

유대인의 도덕은, 일상생활에서 하나하나 구체적인 예와 결부되어 있다. 《토라》 나 《탈무드》 에는, 매우 구체적인 예가 기록되어 있다. 만일 신을 믿는 유대인이라면, 그 도덕을 지켜야 한다. 예컨대 물건을 너무 비싸게 팔아서는 안 된다거나 품질의 문제 등이 세밀하게 규정되어 있다.

어느 기독교의 목사가 단상에 설 때마다 어린이를 사랑해야 한다고 설교했다. 부모는 자녀를 때리거나 욕해서는 안 되며, 언제나 자녀를 부드러운 사랑으로 감싸주어야 한다고 말하는 것이었다.

어느 날 이 목사는 교회 앞 보도의 포장이 부서진 것을 보고, 시멘트를 사다가 깨끗이 수리했다. 주위에 작은 울타리를 만들고 '시멘트 주의!'라는 팻말을 세워 놓았다.

저녁에 그는 자기가 수리한 곳이 말짱한 것을 보고 안심을 하고 잠자리에 들었다. 이튿날 아침에 눈을 뜨자마자 자기가 수리한 보도를 바라보니 꼬마들의 발자국이 많이 나 있었다. 그는 크게 놀랐다. 그는 어이가 없어 큰소리로 아이들을 꾸짖기 시작했다.

이것을 들은 목사의 아내가 "아니, 언제나 어린이에게 부드럽게 대해야 한다고 가르쳐온 당신이 웬일이세요?" 하고 말했다. 목사는 "나는 추상적인 어린이는 좋아하지만, 구체적인 어린이는 싫소."하고 대답했다(영어에서 구체적이라는 말은 '콘크리트'라고 한다.)

《탈무드》 나 《토라》 에서는 사물을 추상적으로 다루지 않고 구체적인 예를 들어 가르치고 있다. 나의 기독교도 친구들은, 기독교가 사랑의 종교인데 비해 유대교는 계율의 종교라고 하여, 마치 사랑의 종교 쪽이 차원이 높은 듯이 생각하고 있다. 이에 대해 나는 사랑의 종교는 추상적으로만 가르치며, 올바른 도덕은 계율이 없이는 성립될 수 없다고 반론을 제기한다.

성서에 "네 이웃을 네 몸처럼 사랑하라"고 가르치고 있는데, 이것도 전제(前提)가 되는 것을 알지 못하면 그다지 의미가 없다. 예컨대 자기혐오에 빠져 있는 인간은 어떻게 하면 좋은가. 먼저 전제로서 자기애가 있어야 한다.

자기애란, 자기 이득을 먼저 생각하는 것이다. 비즈니스의 목적은 자기의 이득을 추구하는 것이며, 결코 자선이 아니다. 자기의 물질적인 이익을 더욱 확대시키는 것이 목적이다.

99
유대인의 무기

어떤 철학자가 한 유명한 말에 "만일 신이 존재하지 않았더라면, 인간을 찾아야 한다."는 것이 있다.

많은 정부에서 비즈니스를 일으킬 때, 자기 나라에 유대인이 없으면 유대인을 데려와야만 했다. 폴란드도 그런 나라의 하나이다. 중세기의 폴란드는 매우 후진국이었다. 당시에 유대인은 이탈리아, 프랑스, 독일에만 살고, 아직 동유럽에는 살고 있지 않았다. 그래서 폴란드 왕은 유대인에게 문호를 개방하여 경제를 부흥시키려고 했다. 그 결과 유대인은 폴란드의 비즈니스 사회에 높은 지위를 차지하게 되어, 폴란드에서 처음으로 주조한 은화에는 히브리어가 씌어 있을 정도였다. 폴란드는 근대에 와서도 유대인이 가장 많은 나라가 되었다. 제2차 세계대전 전에는 300만을 헤아렸으나 거의 다 나치 독일에 의해 학살되었다.

유대인을 이용하는 경우는 작은 대공국(大公國)에서도 볼 수 있다. 대공은 자기 영지의 경제를 부흥시키기 위해 유대인을 불러 들였다. 그러나 이 경우에는, 유대인이 지나치게 성공하면 그 나라의 국민이 반발하여 유대인을 박해하는 경우도 있었다.

유대인이 비즈니스에서 성공했기 때문에 주위를 에워싼 이민족의 질투를 불러일으킨 것처럼 일본도 오늘날 국제 사회에서 질시를 받고 있으며,

또한 일본 상인은 어디를 가나 두려운 대상이 되고 있다. 그래서 일본인을 가리켜 '황색 유대인'이라고 흔히 부르고 있다. 일본이 제2차 세계대전을 치르지 않을 수 없는 처지로 몰린 것도 일본인의 비즈니스 재능에 대한 질투로 각국이 경제봉쇄를 했기 때문이라고 할 수 있을 것이다.

이와 같은 견해는, 최근에 미국에서 베스트셀러가 되어 있는 소설로, 하만 워크(「케인호의 반란」의 저자)라는 유대인이 쓴 「전쟁의 징조」의 테마가 되어 있다. 유대인은 중세를 통하여 주위의 이민족으로부터 박해를 받았는데 이것은 그들이 비즈니스의 재능이라는 쌍날 검을 갖고 있었기 때문이다.

유대인에게 가한 포그롬(러시아어로 타도를 의미함. 주로 유대인에 대한 집단 폭행을 가리킴)은, 유대인이 차지하고 있는 경제적인 지위를 다시 빼앗으려는 것이었다. 과거의 정부가 채택한 반(反)유대정책은 반드시 유대인의 재산을 몰수하는 데서 시작되었다.

그래서 유대인은 같은 지역에서 재출발을 하거나 다른 곳에 가서 백지로 돌아가 다시 시작하여, 경제적으로 성공하면 다시 박해를 받아야 하는 주기적인 수난을 되풀이해 왔다. 정부에 의한 이와 같은 박해는 단지 개인적인 혐오가 아니라 법령이나 정책이라는 공식적인 형태로 자행되었다.

오늘 날, 아랍 여러 나라들이 이스라엘을 압박하고 있는 최대무기의 하나는 경제적인 보이콧이다. 그들은 군사적으로 이스라엘을 타도할 수 없으므로, 경제 보이콧위원회를 설치하여 이스라엘과 거래하는 기업은 아랍 여러 나라들에서 경제 봉쇄를 하여 받아 주지 않는다.

일찍이 일본이 외국에 압박되어 경제적인 제재를 받아도, 국가로서 외교적으로 해결을 시도하거나, 또는 태평양전쟁처럼 군대를 동원하여 공격할 수 있었던 것처럼, 오늘의 이스라엘은 국가이므로 국가로서 대처할 수 있다. 그러나 그전에는 오랫동안 유대인은 세계에 흩어져 살아 왔기 때문에 이런 국가가 없었다.

중세에서 유대인이 갖고 있던 최대의 무기는 무엇이었을까?

첫째로 그들에게는 국가도 없고 무력도 없었으나 인내력은 갖고 있었다. 하나의 비즈니스가 불타버리면 이와 때를 같이하여 다음의 비즈니스를 생각했다. 경영하고 있는 은행이 몰수당하면 다른 곳에 가서 새로 은행을 시작했다. 둘째로 불굴의 정신이다. 이것은 살아남으려는 본능이지만, 유대인은 절대로 단념하지 않고 불굴의 정신으로 쓰러져도 언제나 다시 일어나려고 한다.

셋째로 자기 자신에 대한 절대적인 신뢰이며 자신이다. 자기의 재능을 믿고, 설사 자기의 비즈니스가 실패하더라도 그것을 다시 일으킬 자신이 있다. 이 정신은 후에 유대인이 미국에 이주했을 때에 발휘되어, 아무도 거들떠보지 않은 새로운 문화를 그들이 개척했다.

예컨대 영화산업은 완전히 유대인이 잡고 있다. 이것은 아무도 영화산업이라는 새로운 분야를 개척하려고 하지 않았기 때문이다. 그리고 은행분야에서는 기존 은행이 위태롭게 생각하여 손을 대려고 하지 않는 위험도가 높은 투자를 하여 진출했다.

넷째는 유대인의 높은 교육 수준이다. 비즈니스에는 교육수준이 낮고 지적인 능력이 부족한 사람은 적합하지 않다. 중세의 유럽에서는 일반적으로 지식수준이 매우 낮았으나 유대인 사회에는 문맹인이 한 사람도 없었다.

유대인은 자기들의 민족에 대한 애정과 도덕심으로 비즈니스를 한다. 그들은 먼저 비즈니스를 할 때 '키두시 하셈'을 명심했다. '키두시 하셈'이란 '이름의 성별(聖別)'이라는 뜻으로 유대인 자신의 본분을 지키거나 유대인의 이름을 더럽히지 않는다는 것을 의미한다.

내가 아는 유대인은 그가 어렸을 때 어머니가 "너는 1센트를 훔치거나

100만 달러를 훔치거나 결국은 마찬가지야"하고 전제한 다음 그의 조부에 대한 이야기를 들려준 것을 이야기한 적이 있다.

"조부는 폴란드에서 모자점을 경영하고 있었다. 만일 자기가 판 모자가 조금이라도 어떤 흠이 있는 것을 알게 되면 할아버지는 고객의 집을 찾아가 몇 그로슈(돈의 단위)를 되돌려주었다. 조부는 언제나 정당한 값으로 팔기를 원했다. 그것은 정당한 비즈니스를 하는 것이 신에 대해 떳떳한 것이라고 생각했기 때문이다."

앞에서도 말한 바 있지만 재강조하는 의미에서 또 인용하고자 한다. 한 유대 어머니의 조부는 양복점을 하고 있었다. 조부는 처음 대하는 손님에게는, 혹시 이웃 양복점의 단골손님이 자기 상점에 잘못 온 것이 아닌가 하여 "틀림없이 우리 상점에 찾아오셨지요? 이웃 양복점의 단골손님은 아니지요?" 하고 확인하곤 했다. 할머니는 살림이 별로 넉넉하지 못하여 새 손님은 대단히 소중했으므로 "저렇게 물을 게 뭐람! 처음 오는 손님은 단골로 삼으면 될 텐데……." 하고 불평했다.

그럴 때마다 할아버지는 "우리뿐 아니라 저쪽 양복점도 먹고살아야지……." 하고 진지한 얼굴로 "사내아이가 태어날 때 하나님께서는 그가 한평생 어떤 일을 해야 할지 이미 정해놓고 계셔. 그러므로 일을 너무 많이 하면 주어진 일의 양을 일찍 마치고 빨리 죽게 돼."하고 말하는 것이었다.

그런 이유 때문이었는지 할아버지는 상당히 오래 사셨다고 자랑스럽게 이야기했다.

100
동족 경영의 비결

유대인은 가족이 똘똘 뭉쳐 있는 것처럼 비즈니스도 언제나 동족끼리 하고 있다. 로스차일드가(家)의 야곱 시프가 지배인으로 있는 쿤 로에브 상사도 핏줄에 의해 맺어져 있었다. 월 스트리트에 있는 레이만 브러더즈 은행도 이름 그대로이다. 레이만 일족의 한 사람은 뉴욕 주지사가 된 적도 있다. 그는 루즈벨트 시대에 정계의 중진이었다.

유대인은 일에 조금이라도 성공하면 자기 형제를 데려다가 그 비즈니스에 참여시키고, 다시 성공하면 다른 형제들까지 데려와 가족의 연결을 중요시하고 있다.

그러나 이 가족끼리의 충성심이라는 이점은 어디까지나 부산물이다. 유대인은 가족 단위로 생각하는 민족인 동시에 민족을 하나의 대가족으로 생각하고 있다. 가족 중심이거나, 민족을 가족으로 보는 사고방식은, 아마도 유대인이나 한국인과 일본인의 공통점일 것이다.

내가 아는 유대인의 경험담 한 토막이다.

한 번은 그가 다치가와에서 산책을 하고 있는데, 한 일본 여성이 길가에 쓰러져 신음하고 있었다. 차도와 보도의 구별이 없는 길인데 차가 달려 위험하므로, 그는 곧 달려가서 그녀를 부축하여 일으켰다. 이때 주위에서 보고 있던 일본인 한 사람이 나서더니(그는 분명히 그 여성과 동행하는 사람이 아니었지만) "참으로 감사합니다."하고 말했다.

만일 그가 유대인이 아니고 다른 나라의 사람이었더라면, 아마도 굉장히 놀랐을 것이다. 그러나 유대인은 곧 알아차릴 수 있었다. 일본인은 한 가족이며, 그가 남이라고 일본인이 생각했기 때문에 감사했던 것이다.

몇 해 전에 「로스차일드가(家)」라는 책이 미국에서 출판되어 베스트셀러가 되었다. 이 책은 세계에서 가장 위대한 국제적 금융가족인 로스차일드가가 성공한 경위를 더듬어 본 것이다.

로스차일드가를 일으킨 것은 메이어 안셀이다. 로스차일드라는 이름은 '붉은 방패'라는 뜻이지만 이것은 일가가 어느 정도 성공했을 때에 이사한 집의 이름이다.

로스차일드가는 어떻게 생각했을까? 먼저 다른 사람이 투자하지 않는 분야에만 투자했다. 그리고 그는 대단히 경건한 유대교도였다. 그들은 '키두시 하셈'의 정신을 충분히 이해하고, 정당한 비즈니스를 했기 때문에 사람들의 신뢰를 얻게 되었다. 이것이 재산이 되었다.

로스차일드는 유대인을 박해하는 정부에 대해서는 아무리 높은 금리를 내겠다고 해도 절대로 돈을 대출하지 않았다. 그러나 그들에게 호감을 가진 정부에 대해서는 금리가 아무리 낮아도 그 장래성을 보고 돈을 차입해 주었다.

로스차일드 은행은 독일에서 시작하여 국제 은행으로 발전했지만, 가족 경영의 은행이었다. 로스차일드가는 아들을 영국, 프랑스, 오스트리아, 이탈리아 등지로 보내어, 각자 그 지역에서 은행을 설립하게 하였다. 오늘날에도 로스차일드 은행은 혈연에 의해 연결되어 있다.

유대인이 그 민족 자체를 하나의 대가족으로 생각하고 있는 것은 비즈니스를 하는데 대단히 유리하다. 이 의식(意識)은 전 세계의 유대인 비지니스맨을 즉시 협력관계에 들어가게 할 수 있기 때문이다. 즉 하나는 자기

가족이고, 또 하나는 민족이라는 가족이다.

뉴욕에 살고 있는 유대인이 비즈니스로 이스라엘에 간다고 가정하자, 도중에 그는 로마에 내린다. 로마에서 우선 하는 일은 시나고그(유대인 교회)가 있는 곳을 알아보는 것이다. 그것은 반드시 그가 경건한 유대교도라서 시나고그에 가서 기도하기 위해서라고 할 수는 없다. 그는 '가족'의 일원이므로 그 가족과 합치고 싶다는 염원 때문이다.

세계의 어느 시나고그도 그렇지만 유대인 여행자가 오면, 누군가 반드시 그를 자기 집에 초대한다. 이것은 단지 우정의 표시일지 모르며 또는 여행자가 유대 요리밖에 먹지 못한다는 배려에서일지도 모른다.

가령 로마의 시나고그에 가서, 골드버그 씨의 집에 초대되었다고 하자. 그 집을 방문하면 초대를 받은 여행자는 그 비즈니스맨뿐만이 아니다. 세계 각처에서 온 유대인 비즈니스가 한 자리에 초대를 받은 것을 알게 될 것이다. 그래도 그는 놀라지 않는다. 당연한 일이기 때문이다.

기독교의 교회라면 사람들은 오직 기도하기 위해 갈 것이다.

그러나 시나고그는 유대인에게 기도하는 데 그치지 않고, 가족과 함께 있는 장소가 되는 것이다.

이런 곳에서 이야기를 나누는 동안에, 그들은 정보를 교환하고 새로운 비즈니스의 아이디어를 의논하고 거래가 이루어지는 경우도 적지 않다. 곧장 애트 홈(at home)의 비즈니스맨 클럽이 형성되는 것이다.

101
다이아몬드의 교훈

히브리어로 돈을 '키노'라고 한다. 그리고 사람들은 돈을 어디에 쓰는가에 따라 그의 인간됨을 알 수 있다. 어떤 사람은 미술품을 사는 데 쓰고 어떤 사람은 사업을 확장하는 데 쓰고 어떤 사람은 술과 여자에 쓴다.

그러나 유대인에게 돈은 인생의 목적이 아니라, 언제나 인생의 수단이었다. 그렇다면 유대인의 최종 목표는 무엇이었는가? 그것은 교육이었다.

유대인에게 돈의 제2의 목적은 자식들이 결혼하여 가정을 가질 때까지 키우기 위해서, 자식들이 새로운 인생을 출발하게 하기 위해 쓰는 것이다.

셋째로 돈은 자선을 베풀기 위해 벌려고 했다. 유대인은 수입에서 적어도 10퍼센트는, 만일 그것을 지출해도 생활에 어려움을 느끼지 않는다면 반드시 자선에 쓴다. 옛날부터 유대인에게는 돈은 벌어도 자기 것이 아니고 신의 것이라는 생각해 왔다.

유대인에게 자선이라는 말은 다른 사회에서 의미하는 것과는 달라서 신이 자기에게 돌려주신 돈에서 10퍼센트를 되돌려드린다는 것이다.

히브리어로 선행을 '미츠바'라고 한다. 그 본래의 의미는 '천사의 계명'이지만 유대인은 선행을 할 적마다 '브라하'라고 말해야 한다. '브라하'란 축복을 의미한다. 신이 주신 계명을 따를 수 있는 자기의 행복을 축복하는 것이다. 그러나 자선을 할 때에는 '브라하'라고 말하지 않는다. 자선은 결코 선행일 수 없고 당연한 행위이기 때문이다.

유대인은 돈을 자기 것으로 생각지 않고 다만 자기가 맡아 가지고 있다고 생각한다. 유대인 중에도 돈을 벌기 위해 교활하거나 인색한 자도 있으리라고 생각하기 쉽다. 그것은 어느 민족에도 있는 일이기 때문이다. 그러나 유대인은 일반적으로 돈에 대해 결코 교활하지 않다. "돈은 자기 것이 아니다"라는 가르침을 어려서부터 받아 왔기 때문이다.

유대교는 과격한 행동을 싫어하므로 자선도 지나치게 베푸는 것은 잘못이라고 가르친다. 예컨대 중세의 기독교에서 볼 수 있었던 것처럼 자기 재산을 모두 자선에 돌리고 거지처럼 살아가는 성자는 유대교에서는 찾아볼 수 없다.

예수회를 비롯하여 가톨릭 교단에서는 입단하는 자에게 '가난한 자의 서약'을 하게 했다. 그러나 유대교에는 "가난하건 부유하건 돈이 더 있는 것은 좋은 일이다"라는 격언이 있다. 가난을 미덕으로 생각하지 않는다.

《탈무드》에서는 자기가 가난해지도록 자선을 베푸는 것을 엄격히 금하고 있다. 그것은 사회에 대해 오히려 부담을 증가시키기 때문이다.

옛날 중국의 어떤 유학자가, 자기가 가지고 있는 재물을 모두 배에 싣고 나서, 배에 구멍을 뚫어 침몰시킨 후에야 가족과 함께 행복하게 살 수 있었다는 이야기가 있다. 그는 세속적인 재물에 의해 마음에 번거로움을 느끼지 않게 되었기 때문이다.

그러나 유대인은 이런 말을 들으면 어리석은 짓이라고 생각한다. 왜냐하면 지상의 부는 결단코 인간을 지배하는 것이 아니라 인간이 그 부를 세상을 위해 또는 자기를 위해 유효하게 써야만 그 부의 가치가 있다고 생각하기 때문이다.

《탈무드》에도, 재산이 많아지면 걱정도 많아진다는 말은 있지만 그 재산을 버려야 한다는 말은 한 마디도 찾아볼 수 없다.

《탈무드》에 한 사람의 랍비가 어느 풍요로운 거리에 초청을 받아간 이야기가 나온다. 그 거리는 물질적으로는 풍요로웠으나 교육수준은 낮았다. 그 거리에서는 랍비가 거주하기를 원하여 많은 봉급을 지급하겠다고 약속한다.

그러나 랍비는 "아무리 많은 진주나 다이아몬드, 금·은을 받는다고 해도 이곳에는 살지 않겠소. 나는 '토라'나 학문이 있는 곳이 아니면 가고 싶지 않소." 하고 대답했다.

유대교인과 다이아몬드의 관계는 대단히 긴밀하다. 2천년 동안이나 유랑생활을 해온 유대인은 집이나 땅을 가지고 도망칠 수는 없지만 다이아몬드는 몰래 운반하기 쉬운 재산이었다.

벨기에, 네덜란드와 같은 세계 굴지의 다이아몬드 시장에서 유대인은 큰 세력을 갖고 있다. 그리고 다이아몬드를 채굴하고 세공하여 판매하는 일에 유대인은 많이 개입해 있다. 이스라엘에는 다이아몬드 광산이 없는데도 오늘날 세계의 다이아몬드 세공 산업 중심지의 하나가 되어 있다.

어떤 유대인이 대단히 비싼 다이아몬드를 샀다. 그런데 그 다이아몬드를 자세히 보니 작은 흠이 있었다. 다이아몬드는 조금만 흠이 있어도 가치가 크게 떨어지므로 그는 몹시 실망했다. 그가 보석상 친구들에게 돌아다니면서 그것을 보였더니 저마다 머리를 흔들면서 "딱하게 됐네" 하고 말했다.

마지막으로 그는 나이 든 다이아몬드 전문가를 찾아갔다. 그 전문가는 "이 다이아몬드를 내게 2, 3일 맡겨 주시오. 대책을 생각해 볼 테니까"하고 말했다.

며칠 후에 갔더니 다이아몬드 위에 꽃을 조각했는데 흠 부분은 줄기에 해당되었다.

이 이야기는 유대인은 돈을 정직하게 번다는 하나의 예이다.

돈뿐만이 아니라 섹스도 더러운 면을 갖고 있으며 알코올도 마찬가지이나 유대인은 돈도 섹스도 알코올도 모두 나쁘다고 부정적인 태도를 취하지 않는다. 반면에 규율이나 자기에 대한 규제를 강조했다.

예컨대 가톨릭교회는 오늘날에도 신부의 결혼을 금하고 성을 추한 것으로 간주하고 있다. 그리고 중세에는 돈을 빌려주거나 이자를 받는 것을 더러운 일로 여겨 금했다. 교회가 이런 태도를 취했기 때문에 유대인은 기독교도가 손을 대지 않은 영역에서 크게 발전할 수 있었다.

유대인이 살아남은 비결의 하나는 자연스러운 인간의 모습에 유대인이 보다 가까웠기 때문이라고 할 수 있을 것이다.

102
장사기술의 어제와 오늘

유대인 하면 곧 '돈'을 연상하는 존재가 된 것 같다. 현재의 유대인은 세계의 금융계, 경제계에서 눈부신 활약을 하고 있는 것이 사실이다. 그러면 유대인이 이 방면에 어떻게 진출하여 어떤 역할을 해왔는가를 알아보자.

성서에 기록된 역사를 더듬어 보면 유대인은 처음에 유목민이었다. 그러다가 팔레스타인(이스라엘)에 정착하여 농사를 짓게 되었다. 이 시대에 '가나안 사람'이라는 말은 외국인을 의미하는 동시에 상인을 의미했다. 이것은 당시 유대인은 상인이 아니며 상거래는 주로 외국인의 손에 의해 이루어졌다는 것을 말해주고 있는 좋은 예이다.

그러나 역사는 유대인을 이스라엘에서 추방했다. 그리하여 그들은 토지를 잃고, 세계 각처에 뿔뿔이 흩어져 살게 되었다. 토지의 소유가 금지된 유대인은 장사밖에는 살 길이 없었다.

말하자면 상인이 되도록 강요당한 셈이다. 그런데 유대인에게는 상인으로서의 재질이 있었다. 다만 이 재질은 결코 선천적인 것이 아니라 교양과 지식에서 비롯된 것이었다. 유대인은 어디서나 유대교의 가르침에 따라 살았기 때문에 교육 수준이 높고 읽기와 쓰기나 계산은 물론이고, 사물을 추상적으로 생각하는 능력에 탁월했다. 이와 같은 기본적인 지식은 상인으로서 성공할 재질을 키웠던 것이다.

개개의 재능 이외에 유대인은 세계 각처에 흩어져 살면서도 같은 민족으로서 강한 연대의식을 갖고 있기 때문에 나라를 초월하여 서로 결합할 수 있었다. 예컨대 독일과 프랑스가 서로 전쟁을 하더라도 유대인끼리는 굳게 결합되어 있었다. 언제나 전 유럽의 유대인과 긴밀히 정보를 교환하여 국제적인 통상 망을 조성하고 있었다. 이러한 국제적인 네트워크는 그들이 살아남기 위한 경제적 기반으로서 유효하게 이용되어 왔다.

중세 유럽에서는 유대인이 일할 수 있는 장소는 유대인가(家)로 한정되어 있었다. 설사 그 나라에 몇 백 년 동안 살고 있더라도 유대인은 '외국인'이었다. 언제나 유럽인보다 낮은 지위에 안주해 있어야만 했다.

중세의 경제는 '길드(동업조합)'에 의해 지배되었지만 유대인은 그 기구에 참가할 수가 없었다. 유대인에 대한 규제는 엄격하여 많은 활동 분야에서 제재를 가했다.

그러나 중세의 전기(前期)에는 경제 활동이 아직 발달하지 못하여 유럽의 봉건 영주들은 자기들에게 없는 교양이나 재질을 갖고 있는 유대인을 상인으로서 중요시했다.

십자군이 등장하기 전까지의 유럽은 유대인을 중심으로 하여 그리스인, 아르메니아인 등 유럽 이외의 사람들에 의해 통상이 이루어졌다.

특히 중부 유럽 경제는 국민에 의한 통상을 필요로 하고 있었으므로 중부 유럽의 각 왕후의 영토와 영토 사이에 이루어지는 통상의 토대는 유대인에 의해 마련되었다고 할 수 있다. 유럽의 통상은 지중해를 중심으로 번창했으며 지중해에서 먼 독일이나 폴란드와 같은 나라에서는 통상의 발전은 지중해를 중심으로 하는 외국 상인들의 힘을 얻어야만 했다. 통상이 활발히 이루어지지 않으면 그 지역의 문화도 쇠퇴한다. 유대인을 중심으로 한 외국 상인의 활약은 매우 중요한 의미를 갖고 있다.

유대인 이외의 외국 상인들은 독일이나 폴란드에 정착하여, 이윽고 그 나라에 동화되어 버렸다. 그러나 유대인만은 자기들의 신앙이나 사회를 버리지 않으므로 언제나 '외국인'이었다.

그리하여 중세 전기의 통상활동의 기수였던 유대인은 이 사이에 자금을 축적하여 그 힘으로 독립해서 성공하게 되었다. 이것은 봉건 영주와 유대인 이외의 상인들로부터 반발을 사게 되었다. 그들은 재능이 뛰어난 유대인에 의해 일자리를 빼앗길 우려를 배제하기 위해 유대인은 특정한 분야에서만 상업 활동을 할 수 있도록 법률을 제정하기도 했다.

18세기에 영국에서 일어나 19세기에 유럽으로 퍼지기 시작한 산업혁명의 회오리는 유대인에게 해방과 새로운 개척 분야를 제공하였다.

산업혁명이 일어나자 신용의 제공, 금융의 확보가 산업계에 매우 중요한 문제가 되었다. 대량 생산에는 거액의 자본이 필요하기 때문이다. 산업혁명에 의해 인간의 산업 활동이 극적으로 증대되는 동시에, 금융과 은행업도 급속히 신장되었다. 중부유럽에서 큰 역할을 한 독일의 대은행—독일은행, 드레스디너은행, 담슈타트은행, 나치오날 반크 포어 도이칠란트, 하프 하우젠세 반크 페아라인, 기어 한젤 게젤샤프트 등—은 모두 유대인의 금융회사가 발전한 것이다.

산업혁명을 통하여 유대인의 은행이 급속도로 발전한 것은, 그때까지 유럽의 전통적인 은행이 투기로 말미암아 쇠퇴했기 때문이라고 할 수 있다.

유대인은 산업혁명의 장래를 누구보다도 잘 내다보고 있었다. 그와 동시에 그때까지 많은 기회로부터 멀어지고 압박을 받아온 소수 민족으로서 새로 열린 세계에 진출할 수밖에 길이 없었다.

유대인이 산업혁명 이후에 산업 활동에 참가한 것은 금융만이 아니라, 전기, 기계, 화학 산업에도 직접 참가했다. 특히 독일 산업의 근대화 과정에서는 눈부신 활약을 했다. 후에 일본이 산업의 근대화에 착수했을 때 본

받은 나라가 독일이었던 것을 생각하면 유대인은 간접적으로 일본 산업의 근대화에 기여한 것이 된다.

산업혁명을 계기로 유대인이 여러 분야에 진출한 것은 반(反)유대주의를 불러일으킨 결과도 있었다. 독일은 1930년대를 지나면서, 반유대주의가 가장 심한 나라로 변하게 되었다. 독일뿐만 아니라 19세기말에는 유대인이 산업계에서 힘을 떨치게 되자, 많은 유럽인들은 유대인이 자기 분수를 모르고 날뛴다고 여기게 되었다.

그 동안 유대인가(街)에 갇힌 채 '외국인'으로서 압박을 받아온 소수 민족이 그 틀에서 벗어나 사회의 각 분야에서 재능을 발휘하게 되자 유럽인 사이에 강한 반발이 일어났다. 오랫동안 하등민족으로 자기들보다 지위가 낮은 인간이라고 생각했던 유대인이 거기서 탈출하여 대등해지고 어느 경우에는 자기들보다도 높은 지위에 올라 큰 영향력을 행사하는 것을 유럽인들로서는 참을 수 없었다. 다수파는 언제나 소수파가 자기들을 지배하게 되지 않을까 하여 두려워한다. 이것은 오늘날에도 마찬가지이다.

근세에 들어와 유럽 여러 나라들이 식민지를 획득하기 시작하자 유대인은 식민지 무역이라는 새로운 투기적 분야에 진출했다. 그런데 이 무역도 규모가 커지자 다시 다수파가 장악하게 되었다. 유대인은 언제나 새로운 것을 모색하고 또한 틈새를 뚫고 뻗어나갈 궁리를 해야만 하였다.

예컨대 전쟁에 패한 나라 안에서는 유대인은 상거래를 신장시킬 수 있었으나 이것은 당연히 반감을 사게 되었다. 제1차 세계대전에서 독일이 패한 결과는 독일에 살고 있는 유대인의 경제활동의 폭이 넓어졌다는 역사적인 사실이 그 예일 것이다.

103
금력이 주는 것

산업혁명이 시작되자 유럽 금융의 중심지는 런던으로 옮겨져 철도의 건설이나 새로운 산업의 발전을 위해 금융의 대부나 투자가 활발해졌다. 로스차일드가(家)는 동유럽의 철도건설을 위해 차관을 제공해 줄 것을 영국 재무부에 교섭하여 1811년에서 16년까지 6년 사이에 당시의 돈으로 4천 250만 파운드라는 거액의 대출에 성공했다. 그리고 이 돈의 반 이상을 로스차일드가에서 출자했다. 또 노일전쟁 때 일본 외채의 절반 이상은 유대인 은행가에서 나온 것이었다. 로스차일드가는 19세기 중에 프러시아를 비롯한 유럽의 각국 정부 그리고 브라질에 거액의 차관을 제공하고 있었다. 이것은 로스차일드가 유럽 대륙의 유대계 은행가와 긴밀한 연락을 취하고 있었으므로 돈을 거둬들이거나 신용을 제공하거나 정보를 수집하기 쉬웠기 때문이다.

런던에서는 유럽인인 함브로가(家)에서 세운 함브로 은행이 튼튼한 기반을 갖고 있었다. 이밖에 슈스터 캠프, 데이비트와 헤르만의 스턴 형제, 프랑크푸르트에서 와서 런던에 은행을 개설한 사뮤엘 몬테규, 그리고 역시 프랑크푸르트에서 온 에미엘 에어랑거 캄파니도 런던에 은행을 개설했다. 그들은 모두 19세기의 런던 금융시장에서 큰 역할을 했다. 슈파이어 은행, 제리그만 은행은 미국의 유대계 은행과 제휴하여 더욱 발전했으나 이들 은행은 동유럽이나 남미의 각국 정부에 차관을 주거나 그곳 외채를 인수하여 국제적으로도 크게 힘을 발휘했다.

프랑스에서는 유대인 은행가는 영국에서처럼 영향력을 행사하지 못했으나 미카엘 바너드는 루이 14세의 궁정에 출입하여 큰 영향력을 갖고 있었다. 그는 당시에 프랑스인으로부터 '유럽에서 가장 유력한 은행가'라는 말을 들었다.

19세기에 접어들면 에어랑거가(家), 나슈가, F. A. 필드가, 아이젠하임가, 파레이라가 등이 프랑스에서 은행을 개설했다. 이들 은행은, 액수가 적은 일반 시민의 예금을 취급하여 이것을 모아서 투자함으로써 금융 활동에 새로운 혁신을 가져왔다. 그리고 스페인과 프랑스의 철도건설에 중요한 역할을 했다.

파레이라가(家)를 크게 일으킨 두 형제는 단지 은행가・기업가로서 뛰어날 뿐만 아니라 정계에서도 크게 활동하여 프랑스 국회에서 몇 사람 되지 않는 유대인 의원으로서 생시몽이 주장하는 사회주의를 신봉하고 있었다. 이 형제는 1852년에 유명한크레디 모빌리에 은행을 설립했다.

로스차일드가도 1817년에 프랑스에 진출하여, 1823년에는 프랑스의 국채(國債)를 독점적으로 취급하도록 위탁을 받을 정도였다. 이런 예는 독일이나 오스트리아에서도 볼 수 있다. 로스차일드 은행은 히틀러에 의해 1930년에 추방될 때까지 큰 역할을 수행하였다.

마이어 은행은 19세기에 독일에서 개설되었으며 독일과 미국의 두 시장을 연결하는 다리 역할을 했다.

18세기에 개설된 요세프 멘델스존 은행은 베를린을 중부 유럽에서의 금융시장의 센터로까지 끌어올렸다.

브라이슈라이더 은행의 창립자는 사뮤엘 브라이슈라이더이며, 그의 아들 가손 브라이슈라이더는 비스마르크 수상의 금융 고문이 되었다.

M. M. 와보드 은행은, 18세기에 함부르크에서 개설되어 역시 크게 번성했다. 그리고 18세기에는 쾰른에서 오펜하임 은행이 개설되었다.

히틀러가 정권을 잡게 되자 유대인 은행가들은 추방되기에 이르렀으나, 1932년까지는 유대인이 경영하는 세 은행이 당시의 독일 기업에 대한 대출의 절반 이상을 차지하고 있었다.

이와 같이 유럽 경제에 끼친 유대인 은행가의 역할은 막대했으나 반면에 유럽에서의 유대인에 대한 차별 또한 대단했다. 예컨대 빈에서 사뮤엘 로스차일드가 로스차일드 은행을 개설했을 당시 오스트리아에서는 유대인이 집을 소유하는 것을 금지했으므로 그는 집을 살 수 없어 호텔에 묵으면서 은행장실로 출근했다.

이들 유대인의 은행가들은 유대인에게 닫혀 있던 유럽의 문을 끈덕지게 열어 나갔으나 이것은 그들 개인의 경제적 이득을 신장시키는 데만 유용한 것이 아니라 유대인의 해방을 위해 크게 공헌했다.

그리하여 유대인들은 그들이 활약한 어느 분야에서나 반유대주의와의 투쟁에 정력을 기울였다.

104

고난은 인간을 강하게 한다

유대인이 역경에 처했을 때 강인한 저항력을 가지고 있는 것은 역시 유대의 긴 역사에서 오는 것이다. 유대인은 성서 시대부터 박해 당해 왔다. 그러면서도 유대인이라는 것을 버리려 하지 않았다.

유대인은 가끔 오해받고 있으나 결코 특별한 인종은 아니다. 오늘날 이스라엘에 가면 피부가 흰 유대인으로부터 피부가 검은 유대인까지 있다. 이를테면 남 예멘에서 온 이스라엘 사람과 동 유럽에서 온 유대인과는 피부색도 생활 습관도 크게 다르다. 유대인이란 유대교를 믿는 자라는 뜻이다.

그래서 중세를 예로 들면 유대인이 박해 당해 집을 불 살리고 또 분별없이 죽임을 당한 때도 유대교를 버리기만 하면 박해는 끝났다. 이를테면 아메리카를 발견한 콜럼버스가 유대인이라고 믿는 사람도 적지 않으나 만일 그것이 사실이라면 그는 유대교를 버리고 그리스도교도가 된 것으로 보아야 한다.

유대인은 자기들의 역사를 소중히 여긴다. 유대인의 역사는 모든 유대인에게 있어서 스스로 체험한 것과 같다. 유대인이 어떻게 박해 당해 왔는지 그 비참한 이야기는 너무 많다.

나치스가 동유럽을 점령했을 때의 어느 한 가족의 이야기를 해 보자.

어떤 작은 마을에서 다른 많은 유대인이 그랬듯이 유대인의 한 가족이 창고의 지붕 뒤에 숨어 있었다. 나치스는 한 사람이라도 유대인을 놓치지 않기 위해 엄중히 경계하고 있었다. 창고 지붕 뒤에는 5명이 숨어 있었다. 5명은 양친과 10세 되는 딸 레이첼과 8세의 아들 죤시와 삼촌 야곱이었다. 그들은 부근 주민의 도움으로 먹을 것을 얻었다.(전 세계에 널리 퍼진 〈안네의 일기〉의 안네는 이 이야기와 같은 무렵에 네덜란드의 암스텔담에서 역시 지붕 뒤에 가족과 함께 숨어 있었다)

이 이야기는 최후에 단 한 사람만이 살아남은 죤시가 밝힌 것이다.

한 가족은 소리를 낼 수가 없었다. 그래서 손짓, 발짓, 몸짓으로 말하는 것을 익혔다. 나치스 순찰대가 순찰할 때마다 또는 호의적이 아닌 마을 사람들이 올 때는 소리를 일체 내지 않고 숨소리조차 죽이고 있어야 했다.

양친과 삼촌은 물이나 식료품을 구하려고 가끔 밖으로 나가야 했다. 그럴 때면 누군가 하나는 빠져나갔다. 창고 근처에서 발소리가 들리면 양친은 레이첼과 죤시의 입을 손으로 막았다. 아이들은 무서워서 소리를 지를 뻔한 때도 있었다.

숨기 시작하고 나서 3개월째 되던 어느 날 어머니가 밖으로 나간 뒤 돌아오지 않았다. 호의적인 마을 사람으로부터 모친이 독일병에게 체포되었다는 소식을 들었다. 그리고 또 2개월이 지난 뒤 부친이 돌아오지 않았다.

그래서 삼촌 야곱이 두 아이의 입을 손으로 막게 되었다. 반년 후에 삼촌이 나가자 총성이 났다. 삼촌이 사살된 것이다.

그 뒤로부터는 필요한 때에 식료품이나 물을 가져오는 것은 누나의 임무로 되었다. 창고 근처에서 소리가 나면 누나가 죤시의 입을 막았다. 그러나 이것도 오래 가지 못했다. 둘이서 어두운 창고에서 1개월 정도 사는 동안에 이번에는 누나가 돌아오지 않았다. 그 뒤로는 무슨 소리가 나면 죤시는 손으로 자기 입을 막았다.

유대인들은 무지개가 희망의 상징이라고 생각하고 있다. 이것은 소나기 뒤에는 반드시 아름다운 무지개가 하늘에 뜨기 때문이다. 그러므로 유대인은 늘 무지개가 나오는 것을 믿으면서 살아 왔다. 유대인이 좌절 않는 것은 긴 역사 동안에 이리도 박해 당한 민족은 없었기 때문이다. 그러나 아무리 박해 당하고 짓밟혀도 반드시 살아남는다는 것을 알고 있다. 그래서 역경에 견딜 수 있는 것이다.

우리 주변을 보면 뭔가 사소한 일이 생겨도 곧 좌절한다. 또 좌절되었다고 하여 장래에 대한 노력을 버리고 그만 직장을 버리는 자도 있다. 그러나 유대인에게 있어서는 이 정도의 역경이라는 것은 역경이라 할 가치도 없는 것이다.

탈무드에는 이런 수수께끼가 있다.

'인간의 눈은 흰 부분과 검은 부분으로 되어 있다. 그러나 왜 신은 검은 곳을 통해서만 사물을 보도록 만들었을까?'

그리고 이와 같은 답이 있다.

'인생은 어두운 곳을 통해 밝은 것을 보기 때문이다.'

어떤 역경에도 지지 않는 용기라는 것은 역경을 체험하지 않고는 모른다고 할지도 모른다. 그러나 자기가 체험하지 않았어도 역사상에서 선인들이 체험한 것을 자기 것으로 할 수가 있는 것이다.

우리들도 유대인의 역사의 일부를 자기 것으로 할 수 있는 것이다.

105
술과 건강

유대인은 술을 매우 즐기는 사람들이다. 이런 점에서 일본인과는 공통점이 있다. 탈무드에는 '아침술은 돌멩이, 낮술은 구리, 밤술은 은, 사흘에 한 번 마시는 술은 금'이라고 씌어 있다. 그렇지만 유대인이 만취하는 일은 좀처럼 드물다.

유대인은 곤드레가 되도록 마시는 일은 좀체 없으며 유대문학 속에도 그와 같은 인물은 나오지 않는다. 그러나 술은 또 유대인과는 불가분의 관계에 있다.

유대의 아이들은 어렸을 때부터 포도주의 맛을 알고 있다. 축제 때의 술은 필수적인 즐거움의 일부이기 때문이다.

성서 속에서도 술의 효용은 몇 번이나 되풀이해서 나온다. 그리고 성서 속의 비유에도 술이 많이 등장한다. 그리고 그것은 언제나 즐거운 일이나 아니면 풍요함을 나타내는 비유로 쓰인다.

탈무드에는 '적당히 술을 마시면 머리의 회전이 좋아진다.'고 가르친다. 그러나 동시에 도를 지나치면 지혜를 잃는다는 것을 훈계한다. 랍비들은 오랫동안 술은 인간에게 멋진 약이며 술이 있는 이상 약은 더 없어도 좋다고 말한다.

랍비 이스라엘은 "술은 마음을 열게 하고 사람을 편안히 한다"고 말한다.

동시에 현인들은 술의 즐거움을 설교하는 동시에 언제나 과음하는 것을 경고해 왔다.

밤이 되면 다른 민족의 경우 많은 사람들이 술에 흠뻑 빠지는데 비해 거의 모든 유대인은 적당히 마시며 책을 펴들고 기분 좋은 음악에 귀를 기울인다.

탈무드는 "사람이 죽어서 하나님의 심판을 받을 때 하나님께서 모처럼 사람에게 준 갖가지 즐거움을 즐기지 않고 피했던 자를 싫어하신다"고 말한다.

이처럼 랍비들은 모처럼 '신이 인간에게 부여한 갖가지의 즐거움을 무시했기 때문에 내세에서 처벌 받는다'라고 생각함으로써 금욕을 그다지 좋게 생각지 않았으나 이것은 유대인의 인생을 즐기려는 구실의 발로인 것이다. 그러나 그들의 낙천적인 인생 태도에도 불구하고 그들은 즐거움이나 일은 적당한 것이어야지 도를 지나쳐서는 안 된다고 생각했다.

가톨릭의 신부와 프로테스탄트의 목사와 유대교의 랍비 등 세 사람이 어느 날 함께 식사를 했다는 일화가 있다.

세 사람 앞에는 근사하고 큰 생선이 요리되어 나왔다. 세 사람은 제각기의 언어로 식사 기도를 했다. 그런 뒤 먼저 가톨릭 신부가 "로마 교황은 교회의 우두머리니까 나는 대가리 부분을 들겠다."고 하고 생선을 반으로 잘라 머리가 달린 부분을 자신의 접시에 옮겼다.

다음에 프로테스탄트 목사가 "우리는 최후의 진리를 쥐고 있다. 그래서 나는 꼬리 부분을 먹겠다."고 하면서 꼬리가 달린 나머지 절반을 자신의 접시에 담았다.

랍비한테는 소스와 야채가 조금 남았을 뿐이었다. 랍비는 결국 말없이 야채와 소스를 자신의 접시로 옮겼다. 그리고 말했다.

"유대교에서는 양극단을 싫어한다."

이런 우화는 유대인의 처세술이 극단보다는 조화를 취하는 일을 중히 여긴다는 것을 말해 준다.

무엇이든 적당히 해야 한다. 때로는 흥겨운 나머지 도를 지나칠 때라도 최저의 조화만은 생각해야 할 것이다. 금욕을 추구하는 사람들은 술을 비롯한 여러 즐거움이 다 악이라고 생각한다.

만일 인간이 어떤 것에도 흔들리지 않고 충격 받지 않는 강한 의지를 소유하고 있다면 아무리 엄한 요구를 가하더라도 좋을 것이다. 그러나 인간은 누구라도 약한 면을 지니고 있다. 따라서 인간이 적당히 약한 면을 드러내는 것은 당연한 일이다.

그렇다고 해서 이 말이 약함을 장려하는 것은 아니다. 하지만 어느 정도까지의 허영·탐욕·나태심 따위는 허용되어야 할 것이다. 긴장하고만 있다면 인간은 오래 지속할 수 없다. 따라서 인간의 약함을 무조건 싫어하기보다는 어느 선까지의 약함을 허용하면 좋은가를 문제 삼는 편이 현실적이다. 다소의 약함은 건전한 것이기도 하다.

106
타협의 조건

오늘날 세계에 정말로 민주적인 자유국가는 거의 없다. 그 중에서도 어떤 상황에 놓여도 사회의 깊숙이까지 민주주의가 침투한 나라는 아주 적다. 그들 나라는 영국, 미국, 네덜란드, 스웨덴, 노르웨이, 덴마크, 스위스, 캐나다, 이스라엘 등이다.

서독, 프랑스(1950년대의 알제리 위기 때는 군부가 혁명을 시도했다), 이태리에서는 위기에서 혁명이나 폭력에 의한 정권교체도 고려될 수 있다.

그 그룹에 공통적인 것은 낡은 전통을 귀중히 하는 것이다. 영국(검은 곰 가죽의 모자를 쓴 근위병에서 런던탑의 비이피이터까지), 네덜란드, 벨기에, 스웨덴, 노르웨이, 덴마크는 왕실을 존중한다.

스위스, 미국, 캐나다, 이스라엘에서도 역사를 귀중히 여기며 오랜 전통을 긍지로 삼는다.

골다메이어의 자서전「나의 생애 : 원제 '마이라이프, 1976년 간행'」속에서 골다는 젊은 시절을 이렇게 회고했다.

그녀는 이스라엘의 여성 수상이 된 사람으로 세계적으로 유명하다. 그녀는 청춘을 미국에서 보냈는데 노동운동의 투사였다. 그녀는 러시아에서 태어났으나 유대인 부모와 같이 미국에 이민했다. 그녀는 1917년에 밀워키에서 모리스 메이어슨과 웨딩마치를 울렸다.(이스라엘로 옮기고 히브리 식으

로 메이어로 바꿨다)

결혼 전에 나는 어머니와 오래 다투었다. 서로 감정적이었다. 그 까닭은 모리스도 나도 결혼이라는 것을 서류만 갖춰 시청의 서기에게 제출만 하면 되는 줄 알았기 때문이다. 그러면 피로연도 필요 없고 다른 성가신 일도 없는 줄로 생각했었다.

그와 나는 사회주의자였다. 전통에 대해서는 관대했으나 꼭 그런 것에 속박될 필요는 없다고 믿었었다. 그런 반면 어머니는 만일 관청에 혼인신고만 한다면 유대인 동네에 면목이 없어지며 가족의 수치도 되니까 밀워키에서 못 산다고 강력히 주장하셨다. 전통적 의식에 의해서 결혼하기 바란다고도 하셨다. 마침내 너희들에게 무슨 해가 되느냐고 그녀가 말씀하셨을 때 모리스도 나도 타협했다. 분명히 15분간 '츄파'(유대인의 결혼식에서 신부를 위해서 만들어지는 천막)의 밑에 섰다 해도 아무 해가 없다.

우리는 양가의 친지들도 초대했다. 그리고 밀워키의 고명한 랍비였던 숀펠트가 식을 관장했다. 어머니는 별세할 때까지 랍비 숀펠트의 행동을 자랑하곤 했다.

나는 과거를 회상하고 그날의 기억을 매우 다행이라고 생각했다. 우리나라도 전통이나 관습이 많다. 관례를 지키는 것은 아무 해도 아닌 것이다. 그것은 도리어 민주주의를 확고히 하는 것이 된다. 민주주의 사회에는 인간들이 각자의 것을 주장하는 갖가지 가치관이 있다.

이같이 민주 사회를 안정시키는 요인은 전통이라는 공통의 자본이다. 그래서 전통을 귀중히 한다는 건 아무런 해가 안 된다.

사람들이 전통을 공유해서 소중히 함으로써 사회가 통합된다. 공통분모 위에서 다종의 가치를 탐구할 수 있게 된다. 그러므로 진실한 민주 국가에서는 전통을 소중히 하는 거다.

과거의 유산과 전통을 귀중히 하는 나라는 민주주의 국가라는 것을 주시하기 바란다.

유대인은 전통을 소중히 여긴다. 그러므로 민족성을 유지했다. 그런 반면 한편으로 전통을 지키면서 한편으로는 전통을 면밀히 관찰한다. 탈무드는 "자신의 머리로 전통의 의미를 생각지 않는 자는 타인에게 손을 잡아 끌리는 장님과 같다."고 했다.

탈무드와 유대상술

2019년 8월 20일 1판 인쇄
2019년 8월 25일 1판 발행

엮은이
이상길

펴낸이
심혁창
마케팅 정기영 곽기태

펴낸곳 도서출판 한글

우편 04116
서울특별시 마포구 신촌로 270(아현동)
수창빌딩 903호

☎ 02-363-0301 / FAX 362-8635
E-mail : simsazang@hanmail.net

창 업 1980. 2. 20.
이전신고 제2018-000182

* 파본은 교환해 드립니다
* 정가 14,000원
*

ISBN 97889-7073-566-5-33310